TUJIE FUZHUANG CHENLIE JIQIAO

图解服装陈列技巧

第二版

周辉　主编　张杏　吴圆圆　副主编

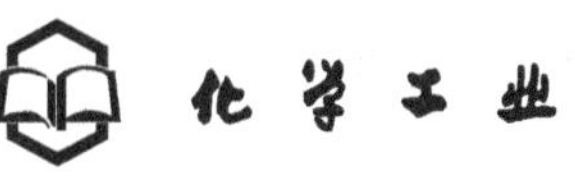

化学工业出版社

·北京·

《图解服装陈列技巧》(第二版)是"看图学艺·服装篇"丛书中的一个分册，本书第一版曾获得读者的广泛赞誉。

由于服装的日新月异，服装陈列也随之有了更多变化和更大的创作空间，布置出更加"引人注目"的展台和橱窗，成了每个服装品牌的重中之重。《图解服装陈列技巧》(第二版)就是在这种大趋势下更新和改版的。

《图解服装陈列技巧》(第二版)从服装陈列的概念开始，对服装陈列的空间规划、形式美法则、设计方式、色彩设计、橱窗设计、环境氛围设计，以及服装陈列的策划管理、各类服装店面的陈列方式等方面做了全面细致、时效性极强的介绍和例证。

全书图文并茂，数以千计的照片都是编者从世界各地的服装陈列中筛选出来的精品，用以详细解读服装陈列的技巧。

本书可供品牌服装企业陈列从业人员，以及各专业院校服装设计专业、展示设计专业师生参考，也可供广大服装爱好者阅读。

图书在版编目(CIP)数据

图解服装陈列技巧/周辉主编.—2版.—北京：化学工业出版社，2015.7(2022.10重印)
(看图学艺·服装篇)
ISBN 978-7-122-23715-6

Ⅰ.①图… Ⅱ.①周… Ⅲ.①服装-陈列设计-图解 Ⅳ.①TS942.8-64

中国版本图书馆CIP数据核字(2015)第081219号

责任编辑：陈蕾 刘丹　　装帧设计：尹琳琳
责任校对：边涛

出版发行：化学工业出版社(北京市东城区青年湖南街13号 邮政编码100011)
印　　装：北京虎彩文化传播有限公司
787mm×1092mm 1/16 印张$12^1/_2$ 字数288千字 2022年10月北京第2版第8次印刷

购书咨询：010-64518888　　售后服务：010-64518899
网　　址：http://www.cip.com.cn
凡购买本书，如有缺损质量问题，本社销售中心负责调换。

定　　价：59.80元

前言

服装陈列诞生于20世纪初的欧洲，到现在已有百余年历史，在这一百多年里，服装陈列随着全球经济、政治、战争、文化、艺术等因素的变化而经历着起起落落。

随着中国改革开放的深入开展，服装陈列的概念也逐步深入到国人心中，引起了很多服装企业的关注和重视，相当一部分服装企业知道要在陈列上下功夫，做的工作也不少，然而由于缺乏专业指导往往偏重造型和纯艺术的表现，缺乏商业表现的灵活和时尚；有的在风格上纯粹模仿国外，简单地将服装搭配，忽略了服装品牌文化的内在要求，形似而神不备，对于“陈列不只是将商品卖出去，而更要使品牌深入人心”的最终目标理解不够。而有部分国内服装企业在服装陈列方面做得很不错，把陈列提升到企业形象及品牌内涵的高度去看待，建立了完整的陈列师队伍并取得了令业界称道的成绩。

笔者认为，无论服装如何陈列，都离不开艺术性与商业性的结合，任何一个成功的服装陈列都必然是艺术与商业的成功结合。一方面，陈列的服装是艺术品，通过艺术手段的塑造去打动和感染顾客；另一方面，陈列的服装又是商品，能够利用流行趋势、市场变化和消费心理成功地被推销出去，为企业赢利。在服装陈列中，艺术性和商业性就好像是一对无法分离的孪生姐妹，形影相随。所以我们在做服装陈列时，既要考虑艺术性，也要考虑商业性。但也不能过分强调一面，因为卖场不是一个纯粹的做秀场，也不是一个纯粹的买卖场。我们既要排除不符合营销规律、华而不实的陈列方式，也要避免只追求商业利润的思维。当然，陈列的成功与否最终还要看销售业绩，必须牢记“服从商业需要，兼顾艺术创意”的信条，陈列的最终目的还是销售。

笔者从2004年起开始涉足服装陈列领域，从2006年起开始较系统全面地收集和研究国内外服装陈列的相关资料，在近些年对一些服装企业进行员工培训并在高校从事相关教育工作。笔者于2011年编写针对服装陈列领域的专业书籍——《图解服饰陈列技巧》，由化学工业出版社出版发行，获得了较好的专业评价和市场效益，随着近几年来服装陈列领域日新月异的发展和服装流行元素的变化，笔者认为有必要对《图解服装陈列技巧》进行内容的更新和结构的调整，以适应服装市场发展的需要，在第一版的基础上，本版从服装陈列的概论、服装陈列的空间规划、服装陈列的形式美法则、服装陈列的设计方式、服装陈列的色彩设计、服装陈列的橱窗设计、服装陈列的环境氛围设计、服装陈列的策划管理、各类服装店面的陈列方式等方面做了更为全面、时效的介绍和例证，注重科学的理论性和实际的操作性，采用图文并茂的写作手法，详细解读服装陈列的技巧。

本书主要适用于相关院校服装专业师生和品牌服装企业陈列工作人员参考。

本书由江苏南通大学纺织服装学院周辉主编，江苏南通大学纺织服装学院张杏、吴圆圆副主编，并由周辉统稿。第二、三、九、十章由周辉编写；第四、六、七、八章由张杏编写；第一、五章由吴圆圆编写。

在本书的编写过程当中，收集和编辑图片实际上是比文字撰写更为复杂的工作，为此，笔者一是亲赴国内中心城市包括香港，以及韩国拍摄照片；二是由服装企业的同学朋友们赴日本和欧美各国出差时提供所拍照片，以及提供国内外服装界已公开发布的极富参考价值的照片，在此，向老同学涂倩、王晓玲及学生常超、丁梦、李佳伟、刘鹏海、王玉琼、孙思表示诚挚的谢意！

由于笔者学识和经验有限，书中难免会有不足和欠妥之处，衷心期望专家、读者不吝赐教。

编者

看图学艺·服装篇
图解服装陈列技巧
目 录

第一节　服装陈列的概念

服装作为人类生活的必需品，它是人类社会文明与艺术发展的承载体。因此，现代服装作为特殊的产品，既具有商品的基本特性，也是文明的象征，传达着人们所追求的一种生活方式。服装设计正逐步影响着人们的生活方式，它为人们提供最新的流行趋势、品牌设计理念和款式设计。将这些服装商品的信息传达给消费者，必须借助有效的商业媒介。服装陈列作为一种特殊的商业行为模式，具有举足轻重的地位，品牌运作的重要环节之一。

陈列起源于西方现代商业发展的早期，如今已被广泛应用于各个领域。在《现代汉语词典》中，“陈列”的解释为“把物品摆放出来给人看”，言简意赅地阐述了陈列的基本要素。陈列的英文是Display，英文解释为“an arrangement of things in a public place to inform or entertain people or advertise sth for sale”。在英文解释中，陈列是指在公共场合向人们展示、激发购买兴趣、宣传要销售的物品而产生的活动。相比中文解释，英文解释所涵盖的内容更加深入，强调采用各种不同的手段向人们展现要出售的商品信息，既激发人们的购买欲，又能让人们充分了解商品的价值和优势，体现出现代商业“以人为本”的特点（如图1-1）。

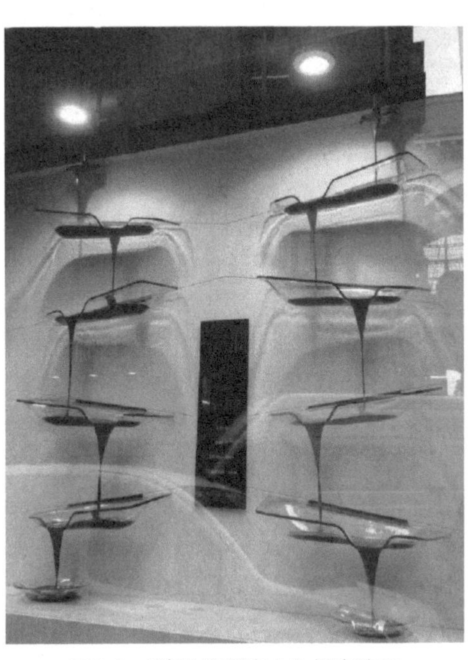

图1-1　“流动的巧克力”橱窗陈列

与其他领域的商品陈列不同，服装陈列需要综合考虑多方面的因素。发展至今的服装陈列涵盖了营销学、美学、消费心理学和视觉艺术等多门学科，成为视觉、空间科学相结合的创造性艺术活动。服装陈列是结合服装的色彩、面料、廓形等的设计特点，以品牌文化、服装系列风格、色彩搭配、情境营造、空间构造等方面作为服装陈列的设计依据，运用独特的艺术创意和科技手段对服装的卖场、橱窗、通道、灯光、音乐等元素进行科学的规划和设计，将服装和品牌文化内涵传达给大众的创意性设计活动，提升品牌形象和促进服装销售的一种艺术形式，是服装终端卖场的重要营销手段之一。既强调艺术性，又追求商业化效果（如图1-2、图1-3）。

图1-2　某品牌橱窗设计

图1-3　某女装品牌服装陈列

第二节　服装陈列的目的

服装陈列作为一种视觉传播的艺术活动，一方面要向消费者传达商品信息，展现服装商品的价值；另一方面要为服装企业树立品牌理念与形象，提升品牌知名度与影响力，实现品牌的商业价值；最后，向社会大众引导与传播时尚文化，提升大众的时尚品位，实现社会价值。简单来说，服装陈列的目的就是通过一定的艺术形式向消费者展示服装，提升消费者的关注度，吸引和刺激消费者的购买欲，形成良好的品牌效应，实现营销目的。

一、展现服装商品的价值

消费者是服装陈列的目标对象，服装陈列的效果取决于消费者最终的购买行为。西方在20世纪20年代提出的“AIDA”模式形象地描述了消费者面对服装商品时的一系列心理意识活动，分别是注意“Attention”、兴趣“Interest”、愿望“Desire”、行动“Action”。这4个因素也证明服装陈列必须引起消费者的注意，激发消费者的兴趣，再由兴趣产生愿望和行动。因此，促进消费者的认知与购买的前提是让消费者了解服装商品的相关信息。服装陈列所传达的服装商品信息包含五个基本要素：一是Who，谁传递信息；二是Whom，向谁传递信息；三是What，传递什么信息；四是Why，传递信息的目的；五是Where，陈列活动的位置（包括空间、环境等因素）。

服装陈列就是以传递服装商品信息为目的，以再创造的空间环境为场所，在广泛领域里展开的公共交流活动。这五个基本要素既是服装陈列的先决条件，也是必要条件，缺一不可。富有艺术性和感染力的陈列将赋予商品强大的生命力，大大增强顾客的视觉美，提高商品的品质与档次，刺激顾客的购买欲望。

二、实现品牌的商业价值

服装品牌实现商业价值必须依托良好的品牌理念与形象的塑造。通过服装陈列营造出某种情境，将标志、图案、色彩、服装商品有效地结合在一起。综合运用多种服装陈列方式，服装从而转化为具有艺术特性的商品，使消费者能够直观地形成对服装以及服装品牌的整体印象，易于接受服装品牌的理念与文化定位，对品牌产生认同感和信任感，提升服装品牌的知名度。同时提高服装商品的附加价值，延续品牌生命力，获得更高的利润。现今众多服装品牌运用艺术化的陈列设计展现服装品牌的理念与形象，或将品牌Logo的图案设计融入到服装陈列中，突出品牌的商业价值（如图1-4）。

图1-4　Versace橱窗运用了标志性Logo前景与背景的设计

三、实现社会价值

设计已经渗透到人们生活的日常生活中，逐步改变着人们的生活。这就意味着设计所产生的价值足以影响社会的进步与变革。有学者称未来商业的发展趋势是设计的竞争成为主力，承载社会文化的设计竞争力最强。西方商业衍生出的服装陈列，它的社会价值在于有较完整的构成系统和较深厚的文化底蕴，服装品牌通过陈列传播着时尚文化，引导社会大众的喜好，为消费者带来愉悦的心理感受。

第三节　服装陈列的分类

服装是人们穿在身上的商品，简单的摆放并不能突出服装的效果。服装陈列不仅要突出服装的品类系列的特点，还应展现服装与配饰的组合方式、款式的搭配、排列的形式、店面布局的风格等特征。服装商品往往陈列在特定的购物环境中，服装品牌通常采用多样的陈列形式以达到最佳的效果。根据陈列的规模，通常分为卖场陈列、售点陈列及单品陈列；根据陈列的方式，通常分为挂式陈列、人模陈列、叠式陈列等。

一、服装陈列规模的分类

1. 卖场陈列

卖场陈列是由卖场设计师或陈列师规划和设计，主要从整体对卖场进行设计，包括卖场的全局规划、卖场氛围的营造、休闲服务区域设计、橱窗设计等。其所涉及的范畴较广，注重整体性、时效性和创意性，充分展现卖场的整体形象、品牌文化和营销特色（如图1-5 ~图1-7）。

图1-5　卖场外观1——意大利佛罗伦萨LV旗舰店

图1-6　卖场外观2——Dior旗舰店

图1-7　卖场外观3——著名Harrods百货公司

2. 售点陈列

与卖场陈列相比，售点陈列所涉及的范畴相对较小，由服装品牌或自营商家进行陈列设计，侧重于局部空间的陈列，用于展现售点区域卖场的形象，售点陈列的要点在于引导性和关联性（如图1-8、图1-9）。图1-8，服装店铺的陈列设计简约，扇形陈列架使得人们的视觉更为集中，所有服装商品一目了然。图1-9，与某些品牌程式化的售点陈列不同，品牌Backstage在局部空间设计上独具匠心，映入眼帘的背景墙采用有灯光投影的窗户造型，陈列的道具包括柜子、箱子都是古色古香的物件，营造出具有复古风情的温馨家园般的购物氛围，充分体现品牌的独特风格和追求的设计理念。这种带有人文气息的陈列形式有很强的创意，可以从众多的服装品牌中脱颖而出，独特设计理念吸引目标消费者的注意力。这种契合服装品牌设计风格和文化内涵的陈列设计是现代服装陈列发展的重要趋势。

图1-8　售点陈列1

图1-9　售点陈列2

3. 单品陈列

单品陈列是针对某件、某套服装进行陈列，突出主推服装单品的款式、色彩、面料的设计特点和设计理念，能够体现最新的流行趋势，提升消费者对服装单品以及服装品牌的关注度。单品陈列一般作为橱窗陈列设计的重点，通过一定的艺术手段展现服装，增加视觉美感以吸引消费者。如图1-10，某品牌推出的一款红色时尚女装搭配红色包包，背景灯光采用红色、蓝色、白色，渲染出恬静的氛围，模特则摆出生动的造型，在吹散的蒲公英周围放置了一款时尚女包，消费者的视野被完全打开，为整个陈列增添趣味性和灵动性。图1-11，COAST店内单品陈列采用虚实结合的方式进行陈列，模特是以背面示人，从镜子中才能看到正面，营造出模特在试衣照镜子的效果，吸引消费者的注意力。

图1-10　某品牌橱窗陈列

图1-11　COAST店内单品陈列

二、服装陈列方式的分类

1. 挂式陈列

挂式陈列是最常见的陈列形态，通过悬挂的方式向顾客展示款式新颖、色彩丰富的服装。它的优势是服装平整且取放快捷，便于顾客挑选和店员整理服装。在实际的挂式陈列中，悬挂的方式又分正挂和侧挂两种（如图1-12、图1-13）。

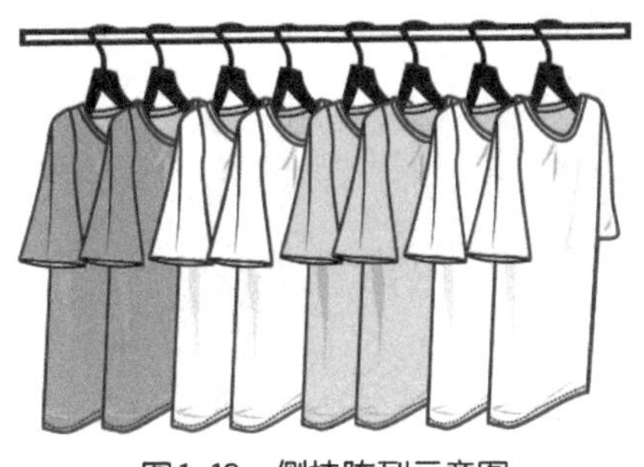

图1-12　侧挂陈列示意图

侧挂陈列是指服装侧向挂在不同形式展示架上，具有一定储物功能的陈列形式。它的优势在于最大化地利用空间，确保服装的存放量，可同时展示多款多色的服装，消费者可以快速挑选多件服装并进行对比。通常服装根据不同的品类进行陈列，如图1-13短袖衬衫和T恤分别挂在不同的展示架上。某些品牌也会根据款式搭配的需要将不同品类的服装挂在一个展示架上。侧挂陈列时还需考虑服装的系列性和整体性，合理构造色彩陈列的组合、间距等因素，增加服装与服装之间的距离，以便顾客的视线不受遮挡，一般在3～6厘米左右，也有品牌根据陈列需要增大服装间的距离，吸引消费者的注意力（如图1-14）。

图1-13　正挂陈列示意图

正挂陈列是将服装的正面直接展示的一种陈列方式，更容易让顾客直观看到服装正面的细节，包括款式、色彩、装饰的特点。可以用这种方式对重点推荐的单件服装进行陈列，也可进行上下装、内外装组合搭配的陈列；正挂多件服装时一般是同款、多色多号型的服装，一般4～5件；上下平行两排正挂时，通常上排挂上装，下排挂下装；正挂所占用的面积相对较大，所挂服装款式类别和件数较少。

图1-14　间隔距离较大的侧挂陈列

在挂式陈列中，不同的悬挂方式、展示架设计都是以突出服装的特点为首要目的，让顾客产生购买欲望。图1-15，传统的挂式陈列方式兼具陈列的展示功能和储物功能，利用展示架分隔不同的展示区，侧挂展示多色、多款、多品类服装，正中间采用正挂展出重点推荐的蓝色长裙，视觉上左右对称的挂式陈列形式稳定而庄重。图1-16，某品牌将整个店铺隔成若干个小的陈列空间来展示同一系列的服装，利用透明塑料板作为展示架，每件服装的间隔空间较大，剔除传统挂式陈列的储物功能，重在突出服装的系列感和艺术性。图1-17，某户外运动品牌利用丛林植物作为背景，在墙面和展示架上陈列出各种不同款式的牛仔裤。图1-18，以黑色线条框架组成的服装展示区，半开放的方形展架上陈列不同款式的T恤，保持陈列空间良好的通透感。

图1-15　传统挂式陈列方式

图1-16　系列感强的挂式陈列

图1-17　创意性强的户外运动服饰挂式陈列

图1-18　通透感良好的陈列

别出心裁的橱窗设计中也会运用挂式陈列。图1-19，Fred Perry结合品牌标志性的条纹与经典英国躺椅设计的橱窗，服装采用正挂陈列的方式，既简约又突出品牌的设计特色。图1-20，撕裂的壁纸中展出一件正挂的字母图案T恤，极具视觉感染力。

图1-19 Fred Perry橱窗设计中采用正挂陈列的方式

图1-20 某品牌创意正挂橱窗陈列

2. 人模陈列

人模陈列因其具有模仿真人的特点，给消费者带来真实的着装视觉效果，是极具表现力的一种陈列形式。人模陈列也叫模特展示陈列，是将具有品牌代表性、新潮、艺术感强的服装穿在造型不同的仿真人模身上的立体造型展示形式。人模的类别较多，按性别分类有男、女装人模；按年龄分类有成人、青年、少年人模和童模等；按造型分为站姿、坐姿、躺姿和不规则造型人模；按形态分为全身人模、半身人模和局部人模，还有为特殊场合和特助展示方式而定制的特型人模等，运用创意性造型的特型人模，会为服装品牌营造独具特色的陈列效果（如图1-21 ~图1-23）。人模的尺寸也分很多种，一般男女成人人模都为标准体型造型，而定制的特型人模则在尺寸上较为灵活。

图1-21 Bonpoint运用铁艺人模展示童装

图1-22 夸张头部造型的人模陈列

图1-23 Lavin特型人模陈列

人模陈列设计中多变的模特组合造型渲染环境氛围，增添陈列空间的生动性，启发消费者购买的欲望。无论是橱窗陈列，还是品牌店内显著位置进行陈列，在符合形式美感的需求之上，服装品牌要制订合理的模特组合造型形式要符合服装设计风格以及品牌的消费者认知度，这些模特组合形式主要有重复、平衡、主次与协调等（如图1-24、图1-25）。

图1-24 重复的人模陈列

图1-25 平衡的人模陈列

3. 叠式陈列

叠式陈列又称叠装陈列、叠放陈列，它是将服装用多种折叠方式进行陈列的一种形式。叠式陈列多用于易于叠放的休闲类服饰，服装品类主要有T恤、衬衣、牛仔裤及针织衫等。叠式陈列的空间利用率高，可储存更多的货品数量，叠装可以更好地体现其搭配外套的性质，也能体现其叠装成型的面料特征。巧妙地运用服装的色彩进行组合，并有序地进行大面积的叠放后，会产生一定的形式美感，在色彩、造型或图案上形成较强的视觉冲击力（如图1-26）。以展示台作为叠式陈列的道具时，除了可以将服装叠放整齐进行陈列，还可以直接平铺在展示台上（如图1-27）。另外，叠式陈列同样也在表达着一种温馨的购物情调，将服装有序地摆放在衣柜或者抽屉内，让消费者得到亲切自然的感受（如图1-28）。

图1-26 叠装陈列1

图1-27 叠装陈列2

图1-28 叠装陈列3

叠式陈列的服装整理比较费时，为试衣方便叠装陈列的附近也需陈列同款的挂装。随意叠放服装会影响服装的品质和档次，叠装的规格尺寸必须整齐统一，叠放平整，同类每件服装的折叠方式相同（如图1-29）。根据不同图案折叠服装会增添一定的趣味性，如图1-30字母“smile”。每叠服装的高度一致，每叠服装左右要间隔一定距离，根据服装自身的色彩配置叠式陈列的色彩组合，能形成丰富的视觉效果（如图1-31）。叠式陈列时，还应注意每叠服装的件数，通常中高档品牌每叠服装陈列2 ~ 4件，低档品牌一般陈列的服装更多些。

挂式陈列、人模陈列、叠式陈列在服装陈列中都有各自的优势和特点，既能营造出不同的陈列效果，还能展现服装设计的特点。但是，仅采用单一的陈列方式，其效果总有局限性。组合陈列方式的优势在于可以结合不同陈列方式的优点，优化服装陈列方式和服装的展示效果。在服装陈列设计过程中，必须根据服装品牌的风格以及陈列需求选择合适的陈列方式，在此基础上再组合不同的陈列方式，最大化地展示服装设计的特点，营造良好的陈列环境（如图1-32、图1-33）。

图1-29　叠装的折叠样式

(a)根据字母折叠服装，增添趣味性

(b)根据印刷图案折叠服装，突出图案的艺术感

图1-30

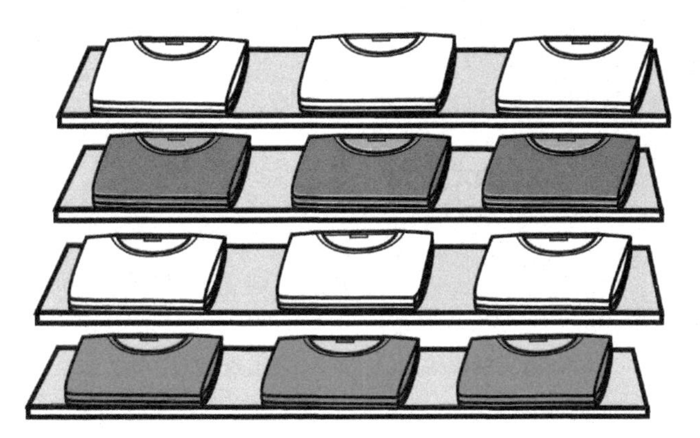

图1-31　叠式陈列

图1-32　组合陈列1

图1-33　组合陈列2

第四节　服装陈列的原则

服装陈列是建立服装品牌终端形象的要素之一，最直接地与消费者实现交流的平台。优秀的服装陈列能够营造安全、整洁、舒适的陈列环境，遵从形式美的基本规律为消费者带来艺术美感的享受，运用科学合理的陈列方法，以最有效的传播形式向消费者展示服装商品的信息，满足消费者的理性与感性需求。与此同时，还能展现服装的设计特色和品牌的文化内涵，提升服装品牌的公众形象，赢得良好的经济效益。

一、功能性原则

服装陈列要根据功能性原则制订陈列设计的基本策略，这是消费者体验品牌服装与卖场环境的途径。功能性原则涵盖了服务、安全、方便、整洁等方面的内容，服务功能是通过陈列多角度、全面地展现服装商品的外观，让消费者了解最新的流行资讯，传授给消费者相关的搭配技巧。可通过特色的橱窗设计呈现最新的流行服装，运用创意的陈列形式展示主推商品。安全功能是保证服装商品、陈列道具的安全，做好防损、防盗的工作，保证顾客挑选服装和试衣时，不会被某些做装饰或系扎类的金属物刮伤和扎伤。整洁功能是陈列通道有序、干净，服装商品的摆放整齐，便于消费者识别和挑选。图1-34，整个陈列空间设计简约，很好地将消费者的视线锁定在所陈列的服装上，能够全面地看到服装商品的外观，通道设计也便于消费者挑选合适的服装。中间摆放的沙发不仅能增添空间的生动性，也可供消费者休息时使用，兼具艺术和实用性功能。

图1-34　追求功能性原则的Chanel店铺陈列

二、文化性原则

不同风格的服装品牌为人们带来了多样的选择，一种设计风格代表了一种生活方式。消费者选择某一种品牌服装，在某种程度上代表他们选择了一种生活方式，也表明了他们的价值取向和生活态度。人们熟知的奢侈品牌无一例外地都有着深厚的文化意蕴，引领着服装时尚潮流的方向。即使是有近百年历史的奢侈品牌依旧在时尚界有举足轻重的地位，散发着独特的品牌魅力。这种品牌魅力正是源自于服装品牌所构建的深入人心的品牌形象，在发展过程中逐渐形成人们公认的品牌文化。“流行稍纵即逝，风格永存”这句由Chanel创始人提出的理念，贯穿了品牌发展的整个历程并影响至今，深厚的文化积淀和高端的营销模式成为Chanel品牌的发展路径。品牌文化蕴藏着巨大的附加值，承载着品牌发展的动力，构建品牌文化已经成为服装品牌提升竞争力和传播效果的重要策略。

消费者对品牌文化的认同，直接决定了他们对品牌的态度。通过塑造品牌形象来传达品牌的文化是最有说服力的表现手法，服装陈列作为构成品牌文化的内容之一，其核心原则就是文化性原则，以静态的视觉语言向消费者传递企业文化内涵，引起消费者的情感共鸣，促使顾客产生对品牌的“忠诚感”。通常，服装品牌以文化环境和消费者的审美习惯为参考依据，按照品牌文化和每季推出的服装商品的设计理念，精心规划和布置卖场环境、陈列形式、陈列色彩、橱窗、通道、灯光、音乐等方面的内容，充分发挥想象力和创造力，塑造既能体现品牌的文化内涵，又能突出品牌风格的陈列形象（如图1-35、图1-36）。

图1-35　Chanel在橱窗设计中融入品牌故事以展其文化性原则

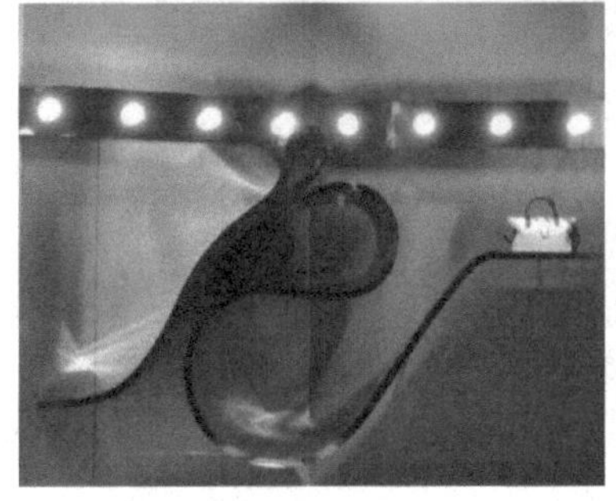
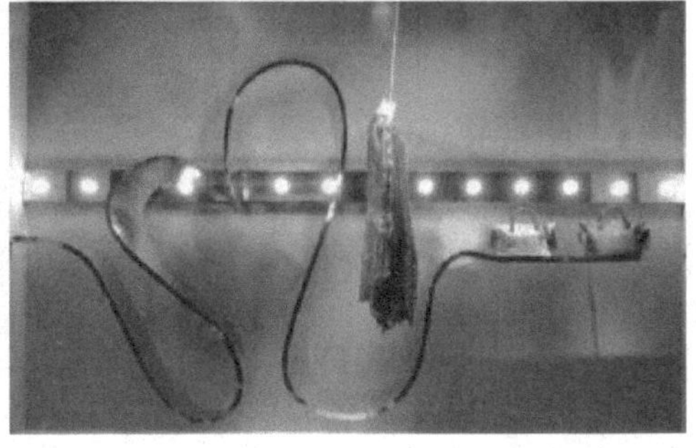

图1-36　Chloe将品牌字符融入到橱窗设计中

三、艺术性原则

服装陈列的艺术性表现在结合形式美法则，巧妙地运用艺术手段对陈列空间和服装进行陈列。首先，要考虑影响服装陈列美感的因素，包括色彩、空间构造、光学原理、消费心理学等内容。其次，高品位的鉴赏力、敏锐和时尚的感知力，对陈列设计有推波助澜的作用。善于融合其他类型艺术设计的表现手法，如舞美、电影、戏剧、室内设计等艺术形式。运用新材料、新工艺、新技术装饰陈列空间，色彩、光影、品牌符号、陈列形式等都成为陈列设计的元素和载体。利用创意性的思维，围绕陈列主题追求新颖、丰富多样的陈列形式，创造出独特的艺术风格和美感。一方面，服装商品因艺术性的陈列而被赋予新的生命力，品质与档次得到提升；另一方面，艺术性的陈列能展现服装品牌的美学理念和时尚思潮，让消费者感受浓浓的艺术气息（如图1-37～图1-38），这两组女装陈列设计采用了不同的艺术风格来表现所陈列的服装，令消费者感受到独特的艺术性陈列氛围。图1-37，运用现代解构主义的艺术手法进行陈列设计，陈列道具的造型和色彩的设计有点睛之笔的作用，色彩的配置关系一目了然，彰显年轻化、时尚化的气息。图1-38，背景墙由形如刺的立体浮雕设计而成，再配以巨大的吉他，模特造型夸张，局部灯光照明形成虚实结合，个性鲜明、朋克味十足的感官效果。从这两个例子可以看出，无论陈列所体现的美感以何种艺术化形式呈现，它所表现主体始终是服装。服装陈列设计对于服装商品的意义就是用艺术的形式表现服装的美感，形式与美感起到相互促进与协调的作用。消费者则在享受丰富的艺术化效果带来的视觉情趣的同时，也关注到服装的设计特色，而产生兴趣和购买欲望。

图1-37 运用结构主义艺术手法的服装陈列

图1-39，童装陈列中运用了手绘艺术。图1-40，透明玻璃上绘制风格独特的图案，在玻璃画中留有一面镜子，巧妙地将店铺内陈列的服装变成橱窗陈列。

图1-38 朋克风格的橱窗设计

图1-39 将手绘艺术融合到童装陈列设计中

图1-40　透明玻璃上绘制风格独特的图案

四、科学性原则

服装陈列设计作为艺术与科学融合的产物，除了要遵循艺术性原则，还应将科学性原则作为指导思想。首先，科学性原则指运用新的科技手段融入到陈列设计中，其中特殊光影效果的运用最为广泛。图1-41，某品牌牛仔裤的陈列，半身模特悬于空中，多方位的跑步造型动感十足，橱窗利用灯光形成长方形构图，背景是手绘的牛仔裤款式图，居中用强光将放大版的牛仔裤款式图投射在橱窗上，虚实结合的效果科技感十足。图1-42，CK运用灯光重影营造幻影效果，充分利用光影折射的原理，将静态图片变成动态感的。

图1-41　某品牌运用光影效果来展示的独特橱窗陈列

图1-42 CK运用灯光重影营造幻影效果

其次，科学性原则还涉及如何将科学思维运用到服装陈列设计中，必须通过系统的研究，经过缜密地思考再实施服装陈列设计的具体方案。科学性原则应以“适时”、“适品”、“适所”和“适人”这四项内容作为基本前提，“适时”强调服装陈列设计应注重时效性，一般2周左右重新规划卖场或店铺的陈列格局，橱窗设计是更新陈列设计的重点，2天左右更新人模和挂式陈列的服装，及时展示新品；“适品”是指服装陈列要以充分展示服装商品的特点为宗旨；“适所”是指有效地利用空间，创造最佳的陈列环境。“适人”是指以人为本是服装陈列的重要因素，充分考虑目标消费群的感性和理性需求，陈列设计能为大众创造舒适的视觉享受和购物氛围。

透彻了解这四项基本原则后，要树立全局观念，根据品牌、市场、消费者等要素的需要对服装陈列进行科学性地规划和合理地布局，确定陈列空间的通道设计方案，制订消费者浏览路线，选择适合服装品牌的陈列方式，强调外观样式与实用功能的有机结合，塑造符合品牌风格的形式美感等内容，最终达到最佳的陈列效果和稳重而有层次感的视觉效果（如图1-43）。

图1-43 某品牌服装陈列的科学性规划图

第一节　服装陈列位置

一、陈列位置的选择

1. 陈列要靠近主要竞争对手

物以类聚、人以群分，一种产品经常和什么产品在一起，长久以后消费者就会认为这都是一类产品。丝宝一直就恪守靠近竞争对手的陈列原则，在任何时候只要有宝洁在就一定贴在它旁边。通过这个策略成功将一个新品牌跻身一线品牌之列。同时你的主要竞争对手的消费群体也正好是你的目标消费顾客。你可以借它的号召力为你引来消费者。再通过促销人员和促销活动成功拦截对手的潜在顾客。

2. 设置衣柜、模特、花车要尽量争取最佳陈列位置

如果陈列位置不佳，不但没有任何效果，而且还要白白浪费陈列投入的费用。悬挂式衣柜可选择放在收银台附近，这是消费者购买前的最后一站，而且也是必经之地。靠近卖场区域的前端，也就是靠近过道的地方，或靠近店面的地方，可放置着装模特，因为购买服装的消费者都必然要经过（如图2-1 ~图2-7）。花车可放在比较集中的促销活动区域，这个区域会吸引

图2-1　靠近过道的着装模特1

图2-2 靠近过道的着装模特2

图2-3 靠近过道的着装模特3

图2-4 靠近过道的着装模特4

图2-5 靠近店门的着装模特1

图2-6 靠近店门的着装模特2

图2-7 靠近店门的着装模特3

很多消费者，就像有些消费者是拿着卖场宣传单找有促销或者特价的产品一样，消费者也会认为促销活动区域的产品更优惠。

二、如何争取到好的陈列位置

1. 加强对终端的业务渗透

除了领导品牌外，其他品牌要想有好的陈列位置和大的陈列面积必须有良好的客情关系。陈列位置的分配与招商经理、商场采购、商场理货员都有很大关系。

2. 掌握时机调整和扩大陈列

产品刚进场很难一次找到理想的陈列位置和足够的陈列面积，只要掌握好时机就能将位置越调越好，面积越调越大。例如，有销售不畅的品牌撤柜的时候；有新产品进场需要调整的时候；季节性调整产品品种结构的时候；大型节日、店庆、特价活动的时候等。

3. 以促销活动为条件，争取陈列上的支持

通过特价活动、买赠活动等与商场谈判，争取到如花车等特殊陈列支持。

第二节 服装陈列规划

服装陈列要在产品开发时做好规划，其实产品陈列不是在有了产品以后再去考虑如何摆放，而是在产品开发时对于陈列的规划就已经开始。

一、采用统一的设计元素

系列化服装产品在设计开发时应当采用统一设计元素，将不同的产品有机结合成一个整体，陈列起来才不会给人凌乱的感觉。例如，Gap每一季服装产品都有几个主打色调，但面料、配饰和图案相互呼应，让所有Gap的服装产品形成统一风格（如图2-8、图2-9）。比较一些服装品牌，没有很好的运用元素将自己的产品统一，颜色、面料、配饰、图案不能很好地呼应，于是风格也不能统一，因此陈列时也很难达到协调统一的视觉效果。又如Barneys New York的橱窗，采用统一的设计元素，给人以强烈的视觉冲击。

图2-10～图2-13，以Jim Moore为荣：Barneys New York的多个橱窗那时都正在展出GQ杂志社的创意总监Jim Moore的作品，他最近刚捧得了美国时装设计师协会的Eleanor Lambert大奖。因此，Barneys也自然而然地将一个橱窗特别展示他的作品以表达敬意。橱窗中还重点展出了Moore在GQ工作期间的一些最让人印象深刻的作品，从封面照到宣传照，无所不包，获得了Tom Ford、Miuccia Prada、Giorgio Armani及GQ杂志总编Jim Nelson的高度称赞。

图2-8　日本东京银座Gap店

图2-9　日本东京新宿店

图2-10　Barneys New York橱窗1

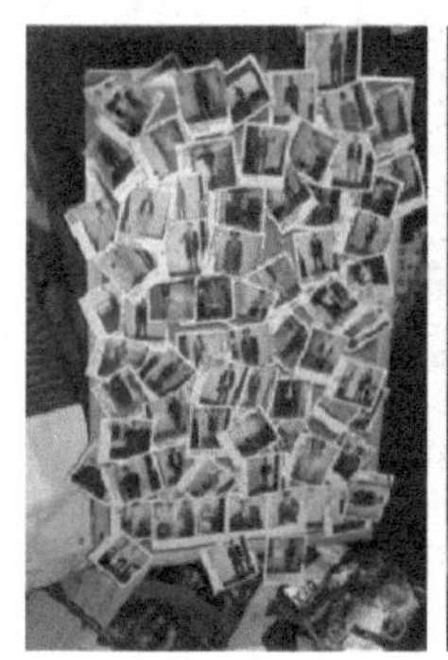

图2-11　Barneys New York橱窗2

图2-12　Barneys New York橱窗3

图2-13　Barneys New York橱窗4

二、考虑适应服装产品的组合和多种陈列方式

例如服装产品在人模上的展示效果，或是用全模，或是用半模，还可以用衣柜展示，采用叠放、悬挂、斜置、正挂、侧挂等多种陈列方式（如图2-14～图2-21）。

图2-14　全模、叠放、悬挂、斜置相结合的陈列1

图2-15　全模、叠放、悬挂、斜置相结合的陈列2

图2-16　全模、叠放、悬挂、斜置相结合的陈列3

图2-17　叠放、悬挂、斜置相结合的陈列1

图2-18　叠放、悬挂、斜置相结合的陈列2

图2-19　正挂、侧挂相结合的陈列1

图2-20　正挂、侧挂相结合的陈列2

图2-21　正挂、侧挂相结合的陈列3

三、为服装产品争取到更多的陈列空间

现在卖场的面积是寸土寸金，品牌能够挤入大商场已经是万幸，想要争取到足够的陈列面积就更难了，因此陈列时可以考虑到如何更充分的利用有限的陈列空间。一些休闲装品牌在自

营店和商场边厅的陈列方式充分利用四周墙壁和房顶上的空间，将服装悬挂在上边，或是垂直悬挂，或是倾斜悬挂，称为立体陈列（如图2-22～图2-28）。这样不仅很好地扩大了自己的陈列范围，让更多的产品分布在卖场内，而且标新立异，给人以视觉上的冲击。如果不是有陈列上的规划，按照普通的方式是无法办到这一点的。

图2-22　从房顶悬挂下来置于半空的陈列1

图2-23　从房顶悬挂下来置于半空的陈列2

图2-24　从房顶悬挂下来置于半空的陈列3

图2-25　从房顶悬挂下来置于半空的陈列4

图2-26　从房顶悬挂下来置于半空的陈列5

图2-27　悬挂下来置于半空的陈列1

图2-28　悬挂下来置于半空的陈列2

第三节　服装陈列特性

陈列是充分表现产品的关键，也是吸引购买、刺激消费的重要手段，同时还是一门有趣的艺术游戏。无论出售的是什么产品，陈列都是一道重要的工程。而作为时尚产品的品牌服饰更显得特别重要。在感性与理性消费心理的混合下，科学的服饰陈列会使产品锦上添花。

一、服装陈列的策略性

要保证单一品种的足够陈列面积。通过笔者的观察，单一系列产品的大面积陈列带来的销售比同一陈列面积下多种系列产品的销售效果要好。一个系列品种的产品陈列面积太小很不容易对消费者产生吸引，更不容易让消费者产生信赖。尤其是一些新的品牌刚进入商场就极力丰富自己的系列产品品种，这并不是明智的选择，能将有限的陈列面积集中成一个整体更有利于品牌的树立和产品的销售，优衣库每一季一般只推广几个系列品种的产品来确立品牌形象，比起一些中小品牌一进入卖场就是十几个系列的产品，这种系列产品相对的单一化有着明显优势（如图2-29～图2-33）。

图2-29　单一系列产品的大面积陈列1

图2-30　单一系列产品的大面积陈列2

图2-31　单一系列产品的大面积陈列3

图2-32　单一系列产品的大面积陈列4

图2-33　单一系列产品的大面积陈列5

二、服装陈列的主次性

根据当地的市场需求特点，将卖场划分为不同的区域。卖场最显眼的区域应该陈列最具品牌代表性、最具品牌号召力、最具时尚品位表现力的服饰，这种区域可以称之为“眼球”区域或“概念”区域。通常陈列的是款式风格、色彩质地、时尚品位都特别打眼的服饰。但量不宜多（如图2-34～图2-36）。

图2-34　“概念”区域的陈列1

图2-35　“概念”区域的陈列2

图2-36　“概念”区域的陈列3

其次就是该季的主推产品或力推的新品。这一区域要考虑顾客进店后的习惯视角和行走路线，应属于顾客进店的第一视野。然后就是补充区域。根据品牌目标顾客的特点，陈列丰富的产品，来满足市场不同的需求（如图2-37～图2-44）。

最后就是衬托区域。该区域的产品或许是略显滞销的产品，但就整体陈列而言，却是不可缺少的，必须陈列该类产品，才能使卖场产品生动起来，而且能衬托主推产品，使整个卖场层次分明，丰富而灵动（如图2-45～图2-48）。

图2-37　主推产品的陈列1

图2-38　主推产品的陈列2

图2-39　主推产品的陈列3

图2-40　主推产品的陈列4

图2-41　主推产品的陈列5

图2-42　主推产品的陈列6

图2-43　主推产品的陈列7

图2-44　主推产品的陈列8

图2-45　衬托区域产品的陈列1

图2-46　衬托区域产品的陈列2

图2-47　衬托区域产品的陈列3

图2-48　衬托区域产品的陈列4

三、服装陈列的市场性

品牌服装产品一般是在卖场上销售，消费者一般也是在卖场中购买品牌服装产品。卖场也就成为消费者购买商品的市场，因此，卖场的形象就要遵循市场性原则：以消费者为中心，以满足消费者的需求为宗旨。通过市场调研，使品牌服装公司了解消费者的消费习惯，明确卖场形象的定位，有助于搞清楚应该设计一个什么样的卖场陈列。例如，DOLCE & GABBANA公司入驻中国大陆，通过市场调研，根据中国大陆消费者的消费习惯，摒弃了一贯的高级时装定位，将卖场形象定位为中高档成衣卖场，以迎合当地消费者的需求（如图2-49、图2-50）。又如一些国外的运动休闲服装品牌，将卖场形象定位为运动休闲风格，使消费者一目了然（如图2-51 ～图2-54）。

图2-49　DOLCE&GABBANA中高档成衣卖场陈列1

图2-50　DOLCE&GABBANA中高档成衣卖场陈列2

图2-51　运动休闲服装品牌的陈列1

图2-52　运动休闲服装品牌的陈列2

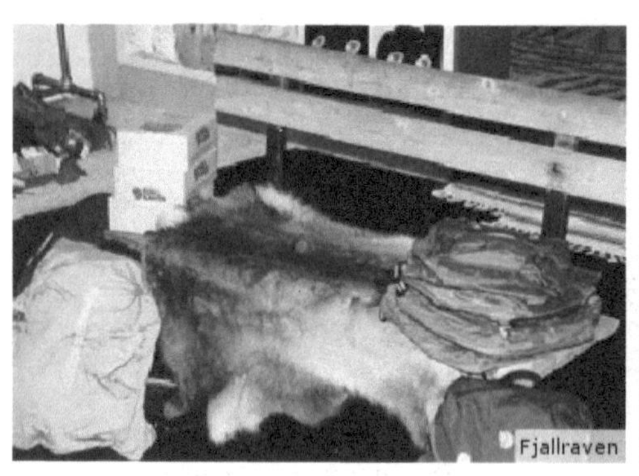

图2-53　运动休闲服装品牌的陈列3

图2-54　运动休闲服装品牌的陈列4

四、服装陈列的时尚性

我们知道，即使崇尚传统的消费者，也不会去买已经过时、没有人再穿的服饰，服装业本身就是一个典型的时尚行业，过去如此，今日如此，今后也必然如此。品牌服装公司应努力求新求变，并且使其成为日常行为，在思想观念上始终保持领先于消费者之前，引导时尚，创造时尚，这是维持品牌持续发展的动力。因此对于流行趋势的理解和判断能力，将是决定卖场形象的重要力量，卖场整体陈列形象必须与时尚潮流相融合（如图2-55～图2-64）。

图2-55　与时尚潮流相融合的陈列1

图2-56　与时尚潮流相融合的陈列2

图2-57　与时尚潮流相融合的陈列3

图2-58　与时尚潮流相融合的陈列4

图2-59　与时尚潮流相融合的陈列5

图2-60　与时尚潮流相融合的陈列6

图2-61　与时尚潮流相融合的陈列7

图2-62　与时尚潮流相融合的陈列8

图2-63　与时尚潮流相融合的陈列9

图2-64　与时尚潮流相融合的陈列10

图2-65 中国北京的GIORDANO专卖店

图2-66 澳大利亚悉尼的GIORDANO专卖店

图2-67 Bergdorf Goodman纽约的专卖店陈列

图2-68 Bergdorf Goodman伦敦的专卖店陈列

五、服装陈列的一致性

一致性原则有两层含义。其一，终端卖场内外上下及理念、行为、视觉等方面都必须一致。例如，一个品牌服装的终端卖场销售的是高档时装，而其使用的包装却是薄薄的单色塑料袋，这就缺乏一致性，或叫不协调。其二，品牌商家一旦确立了自己的卖场陈列形象后，要保持连贯性、统一性，不能随便改变。否则很容易造成消费者的困惑，从而产生不信任感。例如，休闲服装品牌佐丹奴在世界各地的专卖店始终保持陈列形象风格的一致（如图2-65、图2-66）。又如Bergdorf Goodman在纽约和在伦敦的专卖店也保持陈列形象的风格一致（如图2-67、图2-68）。

六、服装陈列的差异性

所谓差异化原则是指品牌服装公司在进行卖场陈列设计时，要与其他品牌有所差异，与众不同，突出自己的品牌文化和内涵，突出自己的特性。品牌服装公司可以在定位上与其他同类品牌类似，但在卖场陈列的表现形式上应力争与其不同。差异化策略虽然做起来比较困难，但是只有树立起个性化的卖场陈列形象，才能使消费者在市场上众多同类品牌中把自己识别出来。只有这样，才能把消费者吸引到自己的卖场中来。例如休闲品牌Anthropologie和Urban Outfitters，虽然定位类似，并且在陈列时都用到了储物柜，但是二者都在各自采用创意的陈列设计手法，强调突出各自的视觉形象，形成了自己与众不同的卖场陈列形象（如图2-69、图2-70）。又如一些国际知名服装品牌在进行陈列设计时，虽然采用的设计元素相似或者相同，但都通过不同的表现方式和手法，彰显出各自特有的魅力（如图2-71～图2-79）。

图2-71～图2-74，本季最佳道具奖得主是：椅子。价格并不昂贵的椅子和凳子刷上鲜艳的色彩，然后经过堆叠、抛放、搭建以及有艺术感的摆放，打造最佳的视觉冲击效果。Harvey Nichols在经典餐椅之间、表面及周围展示四季皆宜穿戴的配件与服饰。Barneys也毫无悬念地

走起复古路线，采用复古条纹重新设计坐垫椅。

图2-75 ~图2-79，叠影效果：大幅削减的视觉营销预算往往能够产生出最精简且最具影响力的效果。一个恰当的例子则能平凡之中见精彩。同时使用的大量图片为身穿主打单品和精品时装的模特打造抢眼的背景。数以百计的插画、时装草图、模特与头像，甚至简单的图案，经过重新上色与叠加融合，传递出一种奇特的讯息。白色边框则将图片转化为生动的画廊布局与网格设计。

图2-69　Anthropologie陈列中的储物柜

图2-70　Urban Outfitters陈列中的储物柜

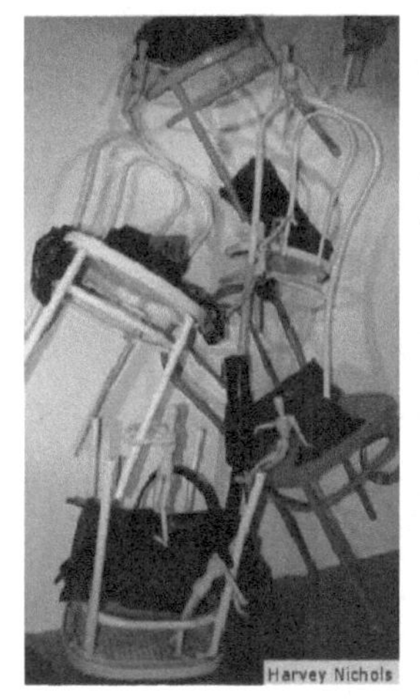

图2-71

图2-72

图2-73

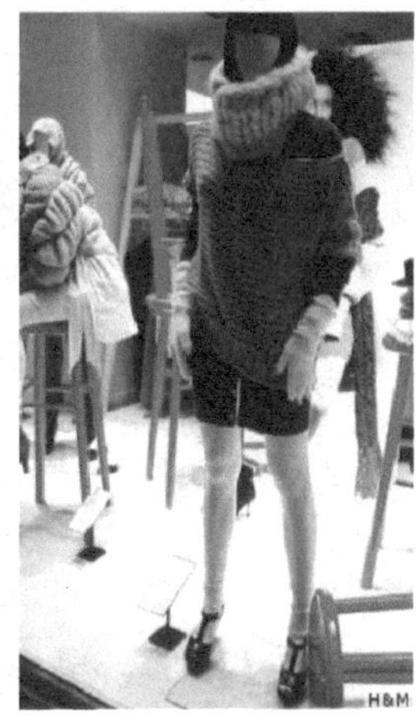

图2-74

图2-75

图2-76

图2-77

图2-78

图2-79

七、服装陈列的易记性

品牌服装公司进行陈列设计的目的就是要让消费者记住自己，这就需要使消费者不断看到、听到陈列的形象，并且记住陈列的形象。好的陈列形象需要有好的表现手法和配合方式相配合，才能让消费者看到、听到，并把它牢牢记住。应该利用室外广告、媒体宣传、老顾客赞誉等各种宣传方式来传播陈列形象，不断提醒消费者本品牌的存在，并不断地吸引新的消费者。例如A Mulher do Padre卖场建筑布置了很多全透明的有机玻璃，卖场内所有陈列装饰从外面看一目了然，同时在建筑物外装饰了黑白相间的网状钢筋管，这样凡有路过的路人，都会很有兴趣的驻足看看，这种有创意的卖场形象自然会给消费者留下深刻印象，过目不忘（如图2-80）。又如一些服装卖场的陈列设计别具一格，给消费者过目不忘的感受（如图2-81～图2-89）。

图2-80　A Mulher do Padre的卖场外观

图2-81

图2-82

图2-83

图2-84

图2-85

图2-86

图2-87

图2-88

图2-89

八、服装陈列的技巧性

首先，要体现设计风格和款式的系列化，每个系列应该有自己的款式队伍组合。其次就是色系的丰富化。单一的色调将使你的所有产品暗淡无光，失去生气，而且不能满足顾客的不同需求。不同的色系应该遵循冷暖对比搭配；相同色系应遵循明暗或纯杂的渐变排列，才会使产品陈列有赏心悦目、层次分明、整洁美观的视觉效果，以满足顾客感性与理性的消费需求（如图2-90～图2-98）。

然后，就要讲究叠装、正挂、侧挂的科学搭配和艺术组合。同时，还要注意量的把握。科学的陈列一般要求同款同色的产品，叠装、正挂、侧挂一般为4～5件。这样不仅可科学利用陈列空间，视觉效果舒适，而且便于产品的清点（如图2-99～图2-111）。

图2-90　色彩在陈列中的应用1

图2-91　色彩在陈列中的应用2

图2-92　色彩在陈列中的应用3

图2-93　色彩在陈列中的应用4

图2-94　色彩在陈列中的应用5

图2-95　色彩在陈列中的应用6

图2-96　色彩在陈列中的应用7

图2-97　色彩在陈列中的应用8

图2-98　色彩在陈列中的应用9

图2-99　叠装、正挂、侧挂相结合的陈列1

图2-100　叠装、正挂、侧挂相结合的陈列2

图2-101　叠装、正挂、侧挂相结合的陈列3

图2-102　叠装、正挂、侧挂相结合的陈列4

图2-103　叠装、正挂、侧挂相结合的陈列5

图2-104　叠装、正挂、侧挂相结合的陈列6

图2-105　叠装、正挂、侧挂相结合的陈列7

图2-106　叠装、正挂、侧挂相结合的陈列8

图2-107　叠装、正挂、侧挂相结合的陈列9

图2-108　叠装、正挂、侧挂相结合的陈列10

图2-109　叠装、正挂、侧挂相结合的陈列11

图2-110　叠装、正挂、侧挂相结合的陈列12

图2-111　叠装、正挂、侧挂相结合的陈列13

最后就要根据消费潮流和气候的变化，不断调整陈列策略迎合顾客的消费心理。这是作为服装经营者必备的素质。

九、服装陈列的细节性

首先，根据产品出厂日期及时调整陈列。产品陈列要将时间靠前的产品放在前排以保持产品的正常流转。如果不注意先出厂先销售原则，往往会造成积压和退货，你不主动将先出厂的产品放在产品的最前面，慢慢就会有产品被积压下来直到退货。

然后，及时调换有质量问题的产品。有一个品牌的男装在某一终端销售突然下滑，前往调查才发现其中有一款男装衣领存在工艺问题。由于人为的原因造成质量问题，厂家没有及时将该产品调换下柜，所以消费者就以此认定该品牌男装存在质量问题。不但影响了销售也损害了品牌。

最后，保持产品的整洁。保持产品表面的干净，在顾客将陈列产品弄乱的时候及时恢复为整齐的排列，始终给消费者良好的产品形象。

第四节　服装店面设计

服装是表现时代潮流的商品，服装店面设计的前提条件就是要掌握时代潮流。良好的店面设计，不仅美化了市容，也给消费者留下美好的印象，有利于消费者记住店铺。

服装店面的形象和风格定位要从客户群分类出发，区分不同风格应用不同的宣传方式。休闲服装的店面应该给人以随意、轻松的感觉，可以放节奏感强的背景音乐，有对比强烈的色彩和绚烂的灯光，折放、正面展示、侧面展示要互相穿插，货架的摆放要在随意中又有整体的感觉。女装店面的色彩要有女人味，淡蓝＋白、红＋白、紫红＋白、驼色＋白、白、黑＋白等都是不错的选择，店面的线条要流线、纤细，灯光柔和，多点镜子，因为女性天生爱照镜子，当镜子多的时候，就算没有看到店面里的衣服也会把她们吸引过来。而男装店面则以粗犷的线条，深沉的色彩为主，多用胡桃木等材料制作。

店面是服装鞋帽店的主体。因此店面的设计及合理布局十分重要，它能够起到有效利用空间、展示商品的作用，这时应重点选择有代表性的，能表现流行趋势或主题的服装作为重点展示，并且要明确地介绍商品，避免灯光因素改变原有服装的色相。陈列不当在视觉上会对原有服装的款式产生曲解，突出重点，通过色彩的对比、服装材质的对比或光的直射加强重点，另外，还要考虑顾客的视线，以人体工程学为设计的依据，采用不同的道具、配件。T恤、衬衫、裙子、丝巾等材质较轻的服饰比较合适做壁面陈列。大空间的壁面陈列可塑性强，可以应用厚纸张、别针、灯光照明和折叠技巧使服装产生立体感，合理运用点、线、面的构成手法将商品生动地表现出来。小空间的壁面陈列商品不宜太多、留出空白的空间和运用色彩的对比突出重点。其实，几乎所有的商品都适合台面的陈列，要选择适合该商品的支架、衣架、展示台和陈列柜。商品摆放的方向可以是水平的，不改主向，商品重复的构成显得整齐有规律，增强正面的视觉效果，如何运用陈列柜或展示台。也可以改变商品的方向，追求视觉的变化，如运用弧形展示台或多向式的陈列柜。支架的运用能提高商品的高度，让台面的陈列更富于变化。陈列中注重商品的折叠技巧，做到整齐统一。有效地利用空间，精巧设计，合理布局，会使你的服装鞋帽店蓬荜生辉。

当消费者步入服装店时，只看到单纯的服装陈列与简单的店面装修很可能无法调动起购买的兴趣。服装店面是品牌风格表现的重要组成部分，缤纷的服装店面设计不仅能够营造出好的贩卖空间，更重要的是能够吸引品牌消费对象的注意力，有效滞留顾客在店内的时间。在这段时间内，店铺就可以系统利用店内广告、营业员的说服力等工具促使顾客对服装本身产生兴趣，并最终完成购买过程。

一、店面外观设计（门头及招牌）

没有创意的设计必然无法为销售带来动力。如果说连锁店是品牌的脸面，那么店面外观就是连锁店的脸面，必须充分将其作为第一视觉要素进行考虑。店面外观部分包括连锁店所处位置景观、建筑体、店面灯箱、楼及遮阳棚，另外不能忽视透明橱窗的装饰作用。外观是诱导目标消费者的重要一环，整体设计的原则是要尽量吸引路人驻足。建议服装专卖店门头采用单色设计，简洁、大气、整体、稳重、易记。

二、店面道具设计及规划布局

通常一个标准服装店面应具备以下设计。

（1）形象墙设计。

（2）高架设计。

（3）橱窗设计。

（4）收银台设计。

（5）矮架设计。

（6）中岛架设计。

（7）陈列展台设计。

（8）沙发设计。

（9）试衣间设计（仓库）。

（10）饰品柜设计。

（11）点挂。

（12）灯光设计。

（13）天花与地面设计。

服装店面设计，是时尚行业最高品味的设计，是集品味、概念、意识、理解为一体的美学设计，要合理布局以上内容，就要取决于陈列师本身对此服装品牌的背景及风格的理解程度了，找对陈列师，才能设计出品牌理想的店面风格，专业及行业经验最为重要。

服装店内设计的原则：总体均衡，突出特色，和谐合适，方便购买，适时调整。

1. 服装店内布局

服装店内布局指的是服装店内的整体布局，包括空间布局和通道布局两部分。

（1）空间布局。每个服装店的空间构成各不相同，面积的大小、形体的状态千差万别，但任何店无论具有多么复杂的结构，一般说来都由三个基本空间构成，服装店也不例外。第一个基本空间是商品空间，如柜台、橱窗、货架、平台等；第二个是店员空间；第三个是顾客空间。

（2）通道布局。顾客通道设计的科学与否直接影响顾客的合理流动，一般来说，通道设计有以下几种形式：直线式又称格子式，是指所有的柜台设备在摆布时互成直角，构成曲径通道；斜线式，这种通道的优点在于它能使顾客随意浏览，气氛活跃，易使顾客看到更多商品，增加更多购买机会；自由滚动式，这种布局是根据商品和设备特点而形成的各种不同组合，或独立，或聚合，没有固定或专设的布局形式，销售形式也不固定。

2. 服装店内装潢

服装店内装潢主要包括以下几个方面。

（1）天花板设计。天花板可以创造服装店内的美感，而且还与空间设计、灯光照明相配合，形成优美的购物环境。所以，对其装修是很重要的。在天花板设计时，要考虑到天花板的材料、颜色、高度，特别值得注意的是天花板的颜色。天花板要有现代化的感觉，能表现个人魅力，注重整体搭配，使色彩的优雅感显露无遗。年轻人，尤其是年轻的职业妇女，最喜欢的是有清洁感的颜色；年轻高职男性强调服装店的青春魅力，以使用原色等较淡的色彩为宜。一般的服装专卖店的天花板以淡粉红色为宜。

（2）墙壁设计。主要有墙面装饰材料和颜色的选择，壁面的利用。服装店的墙壁设计应与所陈列商品的色彩内容相协调，与服装店的环境、形象相适应。一般可以在壁面上架设陈列柜，安置陈列台，安装一些简单设备，可以摆放一部分服装，也可以用来作为商品的展示台或装饰用。

（3）地板设计。主要有地板装饰材料和颜色的选择，还有地板图形设计。服装店要根据不同的服装种类来选择图形。一般地说，女装店应采用圆形、椭圆形、扇形和几何曲线形等曲线组合为特征的图案，带有柔和之气；男装店应采用正方形、矩形、多角形等直线条组合为特征的图案，带有阳刚之气。童装店可以采用不规则图案，可在地板上一些卡通图案，显得活泼。

（4）货柜货架设计。主要是货柜货架材料和形状的选择。一般的货柜货架为方形，方便陈列商品。但异形的货柜货架会改变其呆板、单调的形象，增添活泼的线条变化，使服装店表现出曲线的意味。异形柜架有三角形、梯形、半圆形及多边形等。

（5）收银台设计。主要是收银台形状和颜色的选择。一般地说，女装店收银台应采用较为圆滑并带有曲线组合的形状，色彩带有柔和之气；男装店收银台应有采用正方形、矩形、多角形等直线组合的形状，色彩带有阳刚之气。童装店收银台则可以采用不规则形状，上面可以有一些卡通图案，显得活泼。

（6）试衣间设计。主要是试衣间材料和颜色的选择。服装店的试衣间设计应与所陈列商品的色彩内容相协调，与服装店的环境、形象相适应。

3. 服装店内氛围设计

当顾客走进店中，只看见店内的装修，不一定会有购买的冲动。要使顾客产生购买冲动，必须使店内有卖场氛围。特别在服装店中，由于顾客有在店中停留的时间，在这段时间中，店内就可以通过色彩、声音、气味等方面塑出服装店氛围，使那些只是想看看的顾客产生购买欲望。

（1）色彩设计。在服装店的氛围设计中，色彩的有效使用具有普遍意义。色彩与环境，与商品搭配是否协调，对顾客的购物心理有重要影响。

店铺内的色彩设计是店铺氛围设计的头等大事，色彩与品牌、室内环境、服装风格都有着息息相关的联系。有效的色彩设计能够使顾客从踏入店门起便感受到服装品牌独有的魅力与个性，使顾客的感性因素得到升华，最终调动其购买欲望。一般说来，顾客在卖场中对色彩的感受有以下几点。

① 空间感与重量感。色彩的柔和与绚丽，能够强化或减弱卖场的空间感与重量感。比如使墙壁光鲜明亮，会使人感觉青春与活力；而涂有厚重的色彩，则会使人感到稳定与庄重，较适合典雅、大气的服饰品牌。

一般来说，亮丽的色彩可以让顾客很快陶醉，并激发年轻爱美女性的兴趣，但是值得说明的是：天花板、地板、货架及店内广告最好能够保证协调，同时色彩不要杂乱才能使人感到清爽。而厚重的色彩，也要做到浓淡结合为妙，否则过于压抑则会使人感到沉闷，抑制购买情绪。具体到应用范畴，亮丽的色彩适合青春女装，而厚重的色彩则适合男装与正装。

② 色彩造成的冷暖错觉。人们看到暖色一类色彩，会联想到阳光、火等景物，产生热烈、欢乐、温暖、开朗、活跃、等感情反应。见到冷色一类颜色，会使人联想到海洋、月亮、冰雪、青山、碧水、蓝天等景物，产生宁静、清凉、深远，悲哀等感情反应。但是，仔细品味，其实冷暖色调中又能细分，其中：冷色调的颜色，分为庄重冷与活力冷两种。比如黑色、灰色等色彩能使人感到庄重与稳定；而亮蓝与亮绿等色彩则会使人感到朝气蓬勃，较适合一些时尚品牌。暖色调的颜色则分为热烈暖与温情暖两种。比如酱红色的墙壁，会使卖场充满媚惑与热烈，而黄色与橙色的墙壁则让人感到温馨与浪漫。

所以，根据冷暖色调的作用，经营者就需要将自身品牌所诠释的含义及服装的风格进行细致了解，最终结合色彩来设计卖场氛围。关于色彩设计，笔者将在本书第五章中进行详细阐述。

（2）声音设计。服装卖场的竞争就是其品牌底蕴的竞争，为了突现品牌文化及理念，网络及多媒体已经逐渐成长为展现卖场特色的利器。其中，音响设备的主要作用有以下几点。

① 营造购物气氛。

② 迎合顾客心理。

③ 宣扬品牌文化。

④ 疏解顾客情绪。

⑤ 缓解员工疲劳。

对于应用层面而言，则应根据店内色调及服饰特点进行相应播放，如充满青春朝气的服装店铺可以播放时尚流行音乐；复古情调的服装店铺可以播放古典音乐；正装及职业装店铺可以播放小资情调的音乐；童装店则可放一些欢快的儿歌。同时，店内还完全可以通过视频设备对企业形象短片及产品广告片进行播放，以使顾客能够对品牌进行深度了解。

（3）气味设计。和声音一样，气味也有积极的一面和消极的一面。店内气味是至关重要的。进入店中，有好的气味会使顾客心情愉快。服装店内新衣服会有纤维的味道，如果店中无其他的异味，只有这种纤维味，则是积极的味道，它与服装店本身是相协调的，会使顾客联想到服装，从而产生购买欲望；在店中喷洒适当的清新剂有时也是必要的，有利于除去异味，也可以使顾客舒畅，但要注意，在喷清新剂时不能用量过多，否则会使人反感，要注意使香味的浓度与顾客嗅觉上限相适应。

（4）通风设备设计。一些热销卖场内客流量大，空气极易污浊，为了保证店内空气清新通畅、冷暖适宜，应采用空气净化措施，加强通风系统的建设。一般来说，通风来源可以分自然通风和机械通风。采用自然通风可以节约能源，保证店铺内部适宜的空气，一般小型店铺多采用这种通风方式。而大型服装卖场或商场内店的中店则必须接有大型机械通风设备，及时换气，从而保证顾客购物时的愉悦心情。

（5）服装店内照明设计。服装店内照明能够直接影响店内的氛围。走进一家照明好的和另一家光线暗淡的服装店会有截然不同的心理感受：前者明快、轻松；后者压抑、低沉。店内照明得当，不仅可以渲染服装店气氛，突出展示商品，增强陈列效果，还可以改善营业员的劳动环境，提高劳动效率。关于服装店内照明设计，笔者将在本书第七章中进行详细阐述。

（6）休息区设计。都市人劳累于商界及政界之中，其身心的疲惫不言而喻。在卖场面积阔绰的条件下，经营者完全可以巧妙的设置休息区来为顾客打造一个购物的“天堂”。其中，一个精致的吧台，几瓶高档洋酒、三五台连线笔记本及充满休闲与时尚气息的杂志完全能够缓解顾客绷紧的心弦。同时，巧妙的设置休息区还能够将不同风格的服装进行无形分割，而在休息之余顾客也能够对终端的广告及宣传画册进行欣赏，达到一举两得的效果。

（7）店员穿着设计。服装店铺营业员的制服是很重要的。统一的制服，会使顾客感觉到服饰品牌运作的规范，并能使顾客对店铺产生一种充满活力的亲和。一般来讲，店员的服饰分为以下三种。

① 著名连锁品牌店员服装：根据VI[1]设计，全国、乃至全球统一。

② 大型购物中心店员服装：根据商场要求，商场全员统一。

③ 中小型服装店及时尚店：穿着自由，大多没有统一的制服。

笔者认为，制服并不一定都要穿，而且在一些商场穿着本身也受到一定限制，如上述的大型购物中心。但是，穿着是精神面貌的体现，如果店员的穿着不加以注意，就会与服饰商品产生不协调。比如，在高级服饰店，只要店员的服饰稍有随意就可能有损该品牌的形象。另外，从主营服饰上说，店员也必须做到与之匹配才行，比如在童装店，若店员穿着过于单调严肃，那么对于儿童顾客而言就会产生疏离感，影响与客户的沟通。因此，店员的穿着设计不仅要作为一种规定，更要作为一项形象工程来看待，这是整个店铺氛围设计中的重要一环。

（8）店员礼仪设计。店员的形象更多地体现在精神与外形层面。具有饱满的干劲才能时刻应对多种多样的顾客，而遇到刁蛮的顾客还保持微笑则更是一种境界。所以，店员的良好礼仪构建的是一种更高的店铺氛围——精神氛围。一般来说，店员在礼仪上要做到以下两点。

① 充沛的体力。营业员在大多卖场均为站立式待客。长久的站力往往会使人肩膀酸疼，腰膝发麻，更要命的是在某些女装店还要求穿高跟鞋，这对店员是一个艰巨的考验。为此，店员的健康与体力就成了具有优质服务的先决条件。这点要尤其引起重视，也是经营者在聘用店员必须关注的。

② 得体的举止。在日常销售与待客工作中，店员不仅要以饱满的精神状态来迎接顾客，还必须有着得体大方的举止。在开始接待顾客的初始阶段，第一印象对顾客是否进行购买具有良好的导向作用。所以，这就要求店员在化妆、发型、佩戴首饰与穿着方面做到整齐划一，并接受过正式的营业培训，保证谈吐的水准，这样才能体现出该服饰品牌的服务层次，彰显更高层次的品牌精神。

（9）橱窗陈列设计。橱窗具备传递信息、展示企业产品、营造格调与品味、吸引顾客视觉冲击等作用，橱窗展示可谓品牌的灵魂所在。如果把店铺比喻成一个人，那橱窗便是眼睛，从

---

[1] VI，即Visual Identity的简写，译为“视觉识别”。

橱窗便可以看出店铺风格、品牌风格。但就目前来看，橱窗陈列设计缺乏新意，不少的橱窗只为陈列去陈列，只是一堆服装与模特的胡乱搭配，机械堆积，根本无法抓住品牌的核心。这样的橱窗，就像是颓废的眼神，没有灵魂。一个好的设计师要想把品牌个性及风格完美呈现出来，橱窗是最好的表现方式，能体现出设计师品味及品牌的真正内涵。目前市场上涌现出大量专业店面陈列师，建议服饰企业也培养此类人才，更加专业完善地服务品牌。关于橱窗陈列设计，将在本书第六章中进行详细阐述。

（10）产品陈列搭配设计。设计师在设计店面时，要考虑到所设计的货架将来在陈列产品时相互之间的协调性，不能盲目设计货架。商品陈列要把商品特色用最经济、最节省时间的方法介绍给消费者，使消费者能产生深刻的商品印象，进而产生购买的欲望，运用商品分配及色系分配达成上述的目的。其次，卖场陈列还要有节奏感，不能把色系分得太过死板，卖场的冷色与暖色搭配要协调。当产品陈列完后，要让顾客看到的是衣服，而不是货架及装修。关于产品陈列搭配设计，将在本书第四章、第五章中进行详细阐述。

第五节　服装陈列的商业空间划分

一、陈列的商业空间作用

从服装陈列的角度思考，其商业空间是商家和顾客进行交易的场所，在这个区域里，商家可以尽可能全面地展示他们的商品，并在有限的空间里使其效用最大化；而顾客则需要通过这个空间来选购自己的最满意商品，而这也单单是一个浅层次要求，挖掘一下，我们还可以理解，消费者在这个空间里，希望的是能享受到视觉上的美感、销售服务的体会和心情的舒畅，而这在现代服装陈列乃至服装销售市场是最重要和最实际的需求。

要使一个卖场有人气，首先要做到营业员和顾客形成融洽交流的气场，另外就是通过合理的服饰陈列商业空间规划和设计，制造一个吸引消费者和让消费者舒适的环境。我们通常把服饰陈列的商业空间称为卖场或者专柜等，在这个空间里根据营销思维和管理流程分为三部分，先导部分、贯穿部分与局部商业点，每一部分都起到了不同的商业空间作用，我们可以分别加以辨析。

1. 先导区

导入部分位于整个商业空间的最前哨，是商业空间中最先吸引顾客和引导顾客进入的重要部分。它具有第一时间告诉顾客，该空间所陈列服装的品牌、风格以及特色，达到指引和诱导的目标，在这里包括门面的装饰、橱窗的设计和品牌的Logo，以及出入口的陈列台等，有的时候会添加出活动的POP[1]标版等（如图2-112 ~图2-127）。

（1）门面与店头。在服饰陈列商业空间中的先导部分，首提店头，即我们所说的门面，通常由品牌的标识或者图案构成，也有的通过色块、文字以及物品来共同构成具有品牌特征或者旗舰店风格的店头。主要目的和作用在于吸引顾客和让顾客认知其品牌的外在形象，在某种意义上起到广泛宣传的作用。

[1] POP，即Point of Purchase的简写，意为“卖点”。

图2-112　先导区的店头、出入口、橱窗、POP海报、流水台1

图2-113　先导区的店头、出入口、橱窗、POP海报、流水台2

图2-114　先导区的店头、出入口、橱窗、POP海报、流水台3

图2-115　先导区的店头、出入口、橱窗、POP海报、流水台4

图2-116　先导区的店头、出入口、橱窗、POP海报、流水台5

图2-117　先导区的店头、出入口、橱窗、POP海报、流水台6

图2-118　先导区的店头、出入口、橱窗、POP海报、流水台7

图2-119　先导区的店头、出入口、橱窗、POP海报、流水台8

图2-120　先导区的店头、出入口、橱窗、POP海报、流水台9

图2-121　休闲女装品牌专卖店的出入口

图2-122　童装品牌专卖店的出入口

图2-123　导引区陈列台商品空间展示1

图2-124　导引区陈列台商品空间展示2

图2-125 导引区陈列台商品空间展示3

图2-126 导引区陈列台商品空间展示4

图2-127 导引区陈列台商品空间展示5

图2-128 上海滩品牌香港陆家嘴店头

从服饰陈列的角度上来说，门面的一切要素都可以作为内部卖场的先导部分，让顾客通过这些先导元素就能感受到内部的大概陈列风格和品牌表现特征。这是陈列的关键所在和成功标准之一。图2-128中上海滩的香港旗舰店就用几种元素共同渲染了这种先导部分的店头特征，首先是中英文的名字，用两种不同的文字达到让顾客认知该品牌的风格为中式味道；店门用古朴的中式宅院实木制作，更加凸显了内部风格的外在表现；在色调上利用黑色和实木门框的古朴色彩营造民族味道，从文字、风格和颜色三方面共同引领消费者的视觉和消费欲望。成功的服饰品牌总是力争先在店头这一环节上打一个漂亮的胜仗（如图2-129 ~ 图2-131）。

图2-129 BURBERRY的店头

图2-130 Adidas的店头

图2-131 Fcuk的店头

（2）橱窗。一般在店铺外围形成展示服饰、品牌形象以及风格特征等的主体性陈列空间称为橱窗，它的形式各式各样，有封闭式的、开放式的或者立体型的等，有的没有任何产品只通过一定的素材构成，形成视觉上的冲击力，这也是一种橱窗的形式，模特、陈列道具、背景等共同营造了一种氛围，共同形象表达品牌的设计理念和店铺的销售信息（如图2-132 ~ 图2-143）。

（3）流水台。这是对店铺内部陈列桌或者其他形式的陈列台的通俗叫法，一般放在入口或者店堂显眼之处。有单个、多个或者高低大小错落等组合式的。主要摆放重点商品或者商家重点推荐产品，这些产品也同时兼具表达品牌的当前最新颖的款式（如图2-144 ~ 图2-149）。

图2-132　亲子装专卖店的橱窗陈列

图2-133　泳装专卖店的橱窗陈列

图2-134　女装专卖店的橱窗陈列1

图2-135　女装专卖店的橱窗陈列2

图2-136　女装专卖店的橱窗陈列3

图2-137　女装专卖店的橱窗陈列4

图2-138　休闲装专卖店的橱窗陈列1

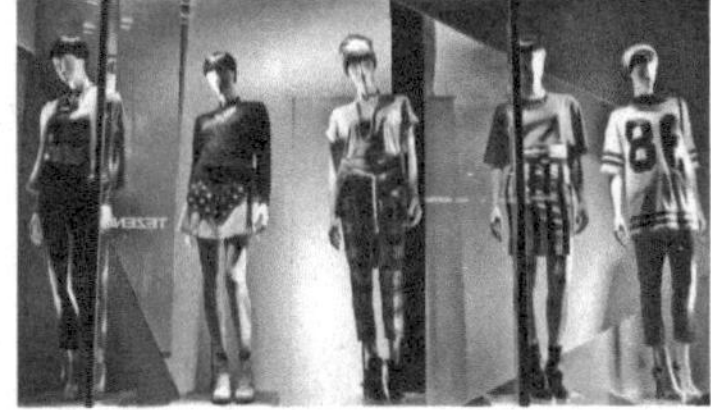

图2-139　休闲装专卖店的橱窗陈列2

图2-140　休闲装专卖店的橱窗陈列3

图2-141　童装专卖店的橱窗陈列1

图2-142　童装专卖店的橱窗陈列2

图2-143　童装专卖店的橱窗陈列3

图2-144　出入口附近的流水台1

图2-145　出入口附近的流水台2

图2-146　出入口附近的流水台3

图2-147 出入口附近的流水台4

图2-148 出入口附近的流水台5

图2-149 出入口附近的流水台6

（4）POP广告。POP广告是许多广告形式中的一种，它是英文Point of Purchase Advertising的缩写，意为“卖点广告”，简称POP广告。它的主要商业用途是刺激引导消费。比较常见的是摆放在卖场出入口处或橱窗内，用图片和文字结合的形式传达品牌的营销信息（如图2-150～图2-156）。

图2-150 日本服装店门口的POP广告

图2-151 VERSACE橱窗内的POP广告

图2-152 Gap橱窗内的POP广告

图2-153 Dior橱窗内的POP广告

图2-154 女装专卖店橱窗内的POP广告1

图2-155 女装专卖店橱窗内的POP广告2

图2-156 男装专卖店橱窗内的POP广告

2. 服务区

穿过导入区后，进入的便是整个卖场或者专柜的营销活动核心区域，即我们所说的服务区，在这个部分主要是陈列商品的重要核心，也是展示服装和服饰最集中的地方，大量的展示工具和灯效以及其他展示手段有序分布，规划的好坏可以说直接影响产品的销售（如图2-157～图2-161）。

在这个区域，其作用主要是客户与商家欣赏和售卖交易过程的平台，商家尽量利用有限的空间把自己的所有商品展示出来，供客户选择和购买；而客户则希望在这个区域里不仅能挑选到自己的满意商品，在选购的过程中还能得到视觉上的享受，而且在不用太累的情况下就能找到自己中意的服饰。

在这样心理状态下，我们就要考虑了，客户通过商家的展示目的是什么，最终要求是什么？这也就是我们进行陈列设计和展示过程的核心目标。

服务区重在服务，设置的陈列工具和设施要在客户感到舒适的情况下进行搭配和使用，满足消费者的视觉需要和心理需要是我们进行陈列设计的原则。加之销售过程中的销售人员有张有弛的服务言语和手段，进而推进设计成果（如图2-162～图2-168）。

图2-157　服务区陈列1

图2-158　服务区陈列2

图2-159　服务区陈列3

图2-160　服务区陈列4

图2-161　服务区陈列5

图2-162　服务区内的展柜、展架、人模1

图2-163　服务区内的展柜、展架、人模2

图2-164　服务区内的展柜、展架、人模3

图2-165　服务区内的展柜、展架、人模4

图2-166　服务区内的展柜、展架、人模5

图2-167　服务区内的展柜、展架、人模6

图2-168　服务区内的展柜、展架、人模7

3. 交易区

交易区是收银台、试衣室和仓库的综合描述，在此区域，商家和客户将进行诸如货币交易、客户的服饰试穿及储存商品等工作，也是商品即将转化和正在转化为货币的核心区域，也可以说是服务区内商品陈列和服饰展示作用大小的最终体现区域。

在此区域内，收银台是收款的地方，同样也是整个卖场的指挥中心，从一个侧面来说也是让客户记住品牌特征的最后一个阵地，所以在收银台也可以作为一个商品橱窗来对待，其作用有的时候可以和店头的橱窗来进行呼应（如图2-169～图2-171）。

图2-169　服务区与交易区1

图2-170　服务区与交易区2

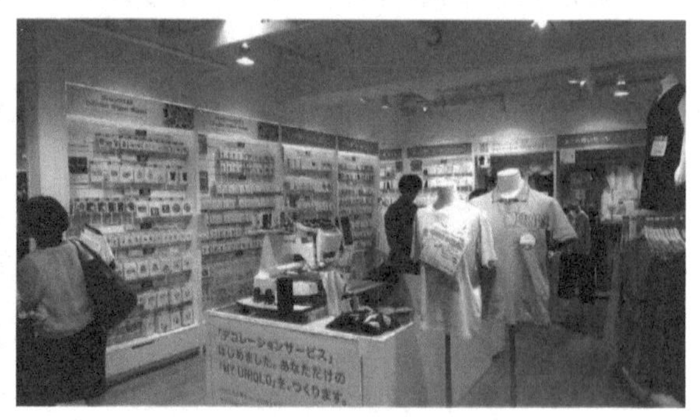

图2-171　服务区与交易区3

二、商业空间划分的原则

1. 整体与局部个体的协调性原则

整体与局部的协调总而言之就是陈列形态的秩序性协调，杂乱无章的环境是影响客户心情和购买欲望的，加之现代服装品牌的林林总总，没有醒目和规划秩序的购买环境，就会影响消费者迅速查找商品的时间，同时也会不同程度的影响视觉的整洁感。

服饰陈列的所有商品造型和形态以及陈列工具状态、颜色、构造等要与整体的卖场布局和视觉效果相一致，从侧面说也就是陈列设计的风格和服饰品牌的风格要相配，不仅要让人进入服饰卖场后有非常强的风格定位，也要让消费者感受到整体的完美性；而局部的个体设计需要从整体的角度拿捏，局部效果做得很好，但是从整体风格上繁琐和缺乏整体感也是不行的。

有些品牌在整体陈列设计上使用的元素很少，非常简洁，这不是说陈列设计师没有很多设计想法，这恰恰说明设计师懂得货架上的服装的品位和定位，能够通过陈列手段和方式提高所售商品的价值。这其实就是陈列设计最大的作用（如图2-172）。

图2-172　Dior专卖店简洁陈列外观和橱窗

2. 形式美与品牌风格的符合性原则

陈列的最直接目的是要引起消费者的目光，激发顾客的购买欲望和兴趣，这就需要美感的营造，而美感的构成就是设计上的形式美，诸如重复、平衡、比例点缀、节奏等。美好的事物总会带来好的效果，美好的陈列也会为产品增加其附加值（如图2-173 ~图2-177）。

图2-173　专卖店橱窗里的线、体形式美造型1

图2-174　专卖店橱窗里的线、体形式美造型2

图2-175　专卖店橱窗里的线、体形式美造型3

图2-176　专卖店橱窗里的线、体形式美造型4

图2-177　专卖店橱窗里的线、体形式美造型5

3. 货品的商业排列与品牌风格定位原则

各种服装展示商业空间，都要遵循一定的排列规则，合理的组合方式能够拉动销售且在顾客选购的时候更加方便，让导购人员的销售和管理更加科学便捷。例如在休闲类时装的陈列中，将正挂、斜挂、侧挂和叠装陈列形式组合在同一个陈列横截面中，正是贴合了消费者在购物的同时兼具到了观、试、买几个购物环节；而在正装陈列中，经常在同一陈列面中夹杂上下装的不同搭配、配饰以及其他装饰物品，进而让呆板的外观显得更有广阔的选购余地和搭配风格，既增添了客户的选购面也拉动了整个销售链条（如图2-178 ~图2-180）。

图2-178　针对服装的不同排列方式来尽可能展示更多服饰1

图2-179　针对服装的不同排列方式来尽可能展示更多服饰2

图2-180　针对服装的不同排列方式来尽可能展示更多服饰3

展示的货品是服装，那么就要牵扯到服装的风格，而展示空间的设置和设计就要遵循品牌服装的风格特征和种类分配。一个商店销售的商品，按照价格和特征分为主打商品、辅助商品和策略性商品。

（1）主打商品。指的是主要销售的服装款式和最畅销的潮流服饰等。

相对于其他商品，应该被摆放在最显眼、最容易接近的地方，与其他店铺和竞争对手相比，主打的服饰应该是最流行、最代表品牌风格的优势商品，这种优势必须在店铺中得到突出，布置富有个性。

（2）辅助商品。是指附属于主打服饰的搭配式商品，它主要是对主打服饰的补充和搭配，能产生有益的影响。

辅助性服饰可以根据款式、特征和物品的大小等主打服饰构成灵活的关系。

（3）策略性商品。指利于销售和识别品牌服装的装饰性、试探性商品，可以是服装，也可以是配饰，也可以不是服装或服饰，而是其他类别的商品，关键是是否能作为店铺的“激动点”。

此类商品有可能是本季展示主题服饰作品，或者对品牌文化具有诠释作用的作品，他们适合摆放在店铺入口或者容易被发现的地方（如图2-181 ~图2-183）。

BAROCCO

图2-181　服装风格的识别作用，主打、辅助和策略商品组合表现1

图2-182　服装风格的识别作用，主打、辅助和策略商品组合表现2

图2-183　服装风格的识别作用，主打、辅助和策略商品组合表现3

三、商业空间划分的处理角度

1. 体量与比例

一般情况下，服饰卖场或者专柜商业空间的体量大小是和其使用功能相关的，在展示空间设计时其展馆空间的绝对高度一般都较高，以适应不同性质的展览需要，因此在实际设计工作中，确定展区的相对高度就显得尤为重要。

在绝对高度不变的情况下，面积越大的空间就显得越矮（如图2-184）。

作为空间两极的天棚和地面，在高度和面积保持适当比例时，可以显示出一种相互协调的关系从而创造出一种和谐感，但如果比例超出了某一限度，这种和谐关系就消失了。

我们从实际商业卖场会观察到，越是品牌知名度较高，具有消费者群体很小的商业空间在设计的时候，力求大气和比例和谐，整个专柜或者卖场显得格外开阔，让人们进入购买或者试穿服饰的时候，有一种放松和舒适的心理。其实就是商业空间设计中的体量和比例在左右着人们的心理，从而带动了人们的消费欲望（如图2-185、图2-186）。

图2-184 卖场整体外观

图2-185 在小体量的情况下尽量拉开比例1

图2-186 在小体量的情况下尽量拉开比例2

2. 形状与尺度

在商业展示空间中，适宜而独特的空间形状能吸引消费者，同时也能突出展示品牌服装。不同的形状卖场或专柜能给客户不同的感受，从而创造品牌的个性特征。横向细长的空间会给消费者深远的感觉，引发人们想观赏所有的服装的欲望；高而窄的空间会使人产生上升的感觉，激发消费者对待品牌的期望，弯曲、弧形或环状的空间可以产生延伸性和导向性，引导消费者随着曲线逐渐进入（如图2-187）。

3. 封闭与通透

在服装陈列空间中，封闭与通透是相辅相成的。

封闭型陈列是一种观众不能直接触摸展品的陈列方式，它一般运用橱窗等展示工具将观众和展品隔开，这是一种传统和惯用的陈列方式。

服饰封闭型陈列在某种层面上是对所展出的作品的一种保护，这大多出现在珍贵和不能直接接触的大型和昂贵高级时装服饰等的展出或展示场所。

图2-187 具有延伸性和导向性的展示空间

图2-188　开放型的服饰陈列空间1

而另外，就是对所展示服饰的空间进行封闭，在这一封闭空间内可以进行有序的空间陈列设计，以便观者或客户能进一步了解商家的商品，进而诱导进入购买。

通透是相对于封闭而言的，也可以理解为开放型陈列，是一种观众可以直接触摸、任意摆弄服饰展品的陈列方式，这是现代服饰陈列的主要方式和方法。

在服装零售业中，开放型或者说通透式陈列已经成为很多服装商家的经营手段之一，敞开的橱窗、货架给人以舒适和宽松自由的购物环境，营造了购买欲望极其轻松的气氛，客户可以在此环境中，得到刺激从而快速做出购物的决定。在服装的卖场中，开放型陈列往往也是一种促销的手段，展示的服装、饰品和其他物品有序摆放和陈列，人们随时随地可以拿来进行观赏，便利且轻松，客户的主动性得到了大大提升，也是产品供过于求的结果体现（如图2-188～图2-191）。

图2-189　开放型的服饰陈列空间2

图2-190　开放型的服饰陈列空间3

图2-191　开放型的服饰陈列空间4

第一节 点、线、面、体

服饰陈列本身就是一门视觉艺术，它通过点、线、面、体以及色彩、质地等要素来体现。点、线、面、体是构成形式的基本语汇，研究这些语汇的内在含义、性质、特征及造型的相互关系，有利于我们掌握各种组织和构建方式，启发我们在服饰陈列技巧中的想象力。

一、点

在环境中，点随处可见，只要相对于它所处的空间来说是足够小的，而且是以位置为主要特征的都可以看成是点。例如：操场上的一个足球，墙面上的一个挂钟，原野中的一间房子。

在服饰陈列中，一件服饰、一个Logo、一块装饰色等，都可以看成是成列中的点。点无论大小，都可以标明或强调位置，形成视觉注意的焦点。

1. 单点

空间中只有一个点时，这个点具有强调、肯定、突出的效果。当这个点处在中心位置时，画面是稳定的、静止的，当点向一个方向偏移，画面就会产生动势，人们的注意力就会随点的移动而变化，给人视觉上的紧张和生动感觉（如图3-1、图3-2）。

单点运用在服饰陈列中是最基本、也是最普遍的设计手法（如图3-3～图3-12）。

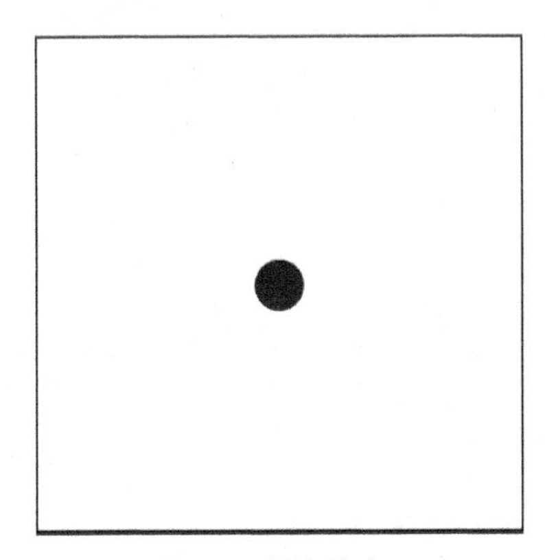

图3-1 居中的点

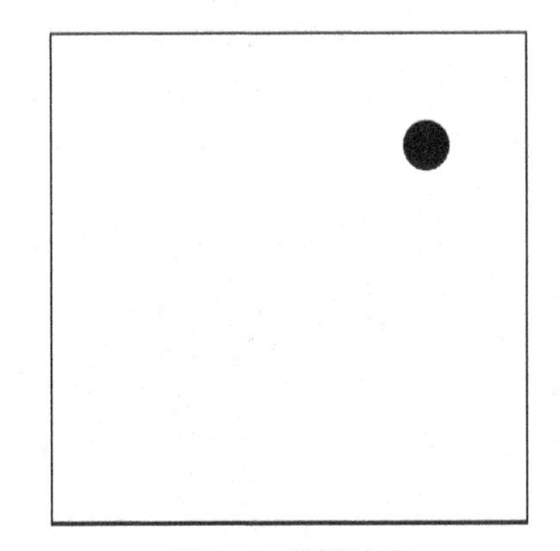

图3-2 偏移的点

图3-3 单点陈列1

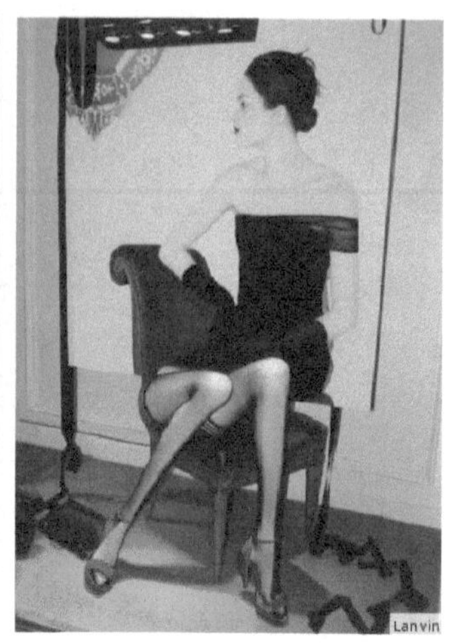

图3-4 单点陈列2

图3-5 单点陈列3

图3-6 单点陈列4

图3-7 单点陈列5

图3-8 单点陈列6

图3-9 单点陈列7

图3-10　单点陈列8

图3-11　单点陈列9

图3-12　单点陈列10

2. 双点

两个大小相同的点各有特定位置时会产生线的联想。它是由点与点之间的空间张力形成的。故双点不能形成中心。如果是两个大小不同的点，注意力会先投向大的，然后再逐渐向小的，形成从起点到终点的视觉效应（如图3-13）。

双点运用在服饰陈列中是比较普遍的设计手法（如图3-14 ~ 图3-19）。

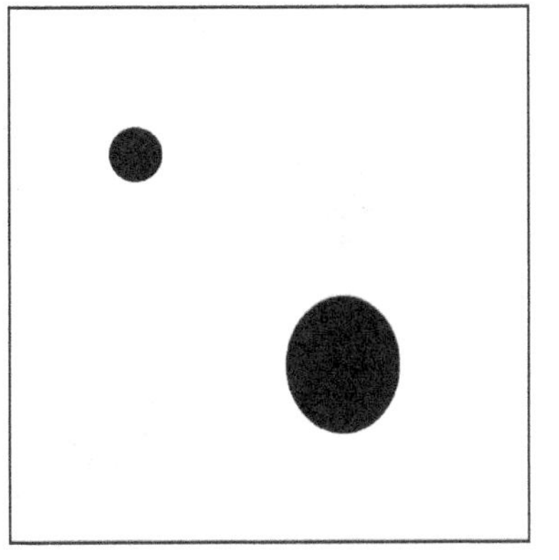

图3-13　大小不同的双点

图3-14　大小不同的双点陈列1

图3-15　大小不同的双点陈列2

图3-16　大小不同的双点陈列3

图3-17 大小不同的双点陈列4

图3-18 大小不同的双点陈列5

图3-19 大小不同的双点陈列6

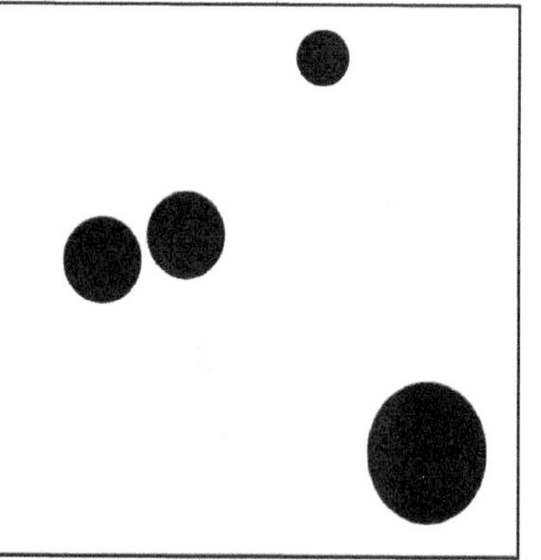

图3-20 不规则的多点

3. 多点

多点会形成排列的线形空间和围合的虚面空间。当环境中有多个点时，点的不同排列、组合能产生不同的效果。有规则的排列可得到有序空间；无规则的排列会产生无序的、动荡的、变幻莫测的感觉（如图3-20）。

多点运用在服饰陈列中是比较普遍的设计手法（如图3-21～图3-26）。

图3-21 不规则的多点陈列1

图3-22 不规则的多点陈列2

图3-23 不规则的多点陈列3

图3-24 不规则的多点陈列4

图3-25 不规则的多点陈列5

图3-26 不规则的多点陈列6

4. 点群

足够密集的相同的点可以转化为面。大小不等的点不形成面的效应，而形成“近大远小、近实远虚”的空间感和动感。点群和点群之间会产生面的效应，点如按一定方向配列，会产生时空联想（如图3-27）。

点群运用在服饰陈列中也是比较普遍的设计手法（如图3-28～图3-33）。

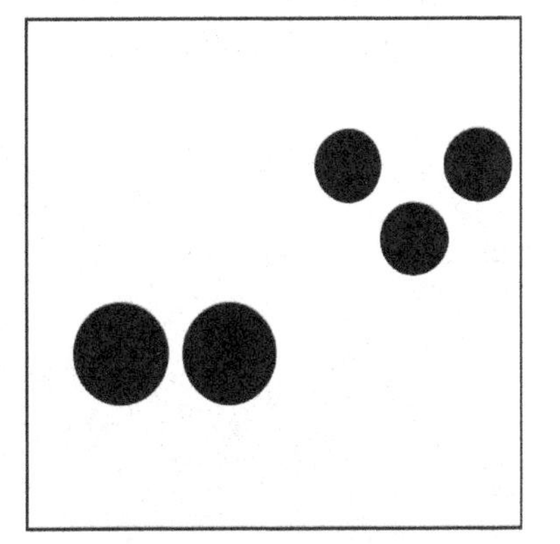

图3-27 两个点群

图3-28 两个点群的陈列1

图3-29 两个点群的陈列2

图3-30 两个点群的陈列3

图3-31 两个点群的陈列4

图3-32 两个点群的陈列5

图3-33 两个点群的陈列6

在服饰陈列中，点的运用主要体现在服装、服饰品、模特、展示架、展示柜、收银台、中岛等相互的关系及与整个店面的位置关系上，要注意处理好商品、展示道具等相互之间的主次、疏密、距离、平衡关系（如图3-34～图3-42）。

图3-34　道具运用点的陈列方式1

图3-35　道具运用点的陈列方式2

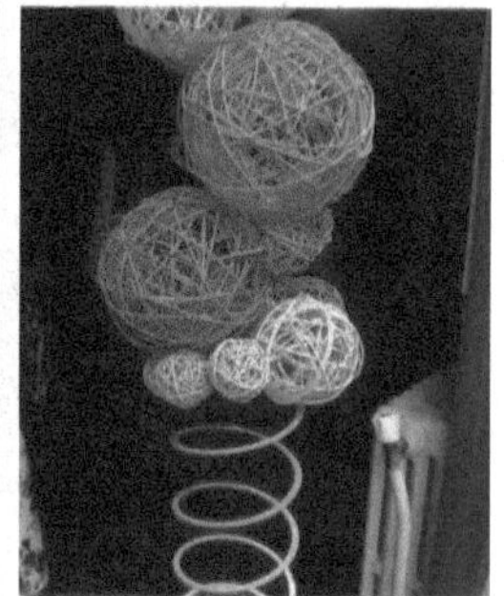

图3-36　道具运用点的陈列方式3

图3-37　道具运用点的陈列方式4

图3-38　道具运用点的陈列方式5

图3-39　道具运用点的陈列方式6

图3-40　道具运用点的陈列方式7

图3-41　道具运用点的陈列方式8

图3-42　道具运用点的陈列方式9

二、线

点运动的轨迹形成线。线有长度但没有宽度和深度。线带给人方向感和生长感。在展示设计中，线也是一个相对的概念，物体长宽比值悬念就会给人线的感觉。如长城、河流、电视塔等。线有直线、曲线。直线又包括水平线、垂直线、斜线；曲线有几何曲线和自由曲线。不同形态的线有不同的性格，带给人不同的视觉效果和心理感受。

1. 直线

直线的表情和性格总的来说给人以刚直、鉴定、明确的感觉。其中水平线给人稳定、平和、安静、舒缓之感，垂直线给人向上、崇高、坚强不屈之感，斜线具有兴奋、迅速、运动、前进之感。利用水平线、垂直线和斜线来进行构图时，能使陈列具有不同的性格特征。

水平线构图在陈列中被普遍使用。利用水平走向陈列，具有较好的导向作用，可以满足顾客从左到右或从右到左的自认走动的水平视线，并在游动的视点上将陈列的全部服饰产品一览无余（如图3-43）。同时，水平陈列具有平和、安详的特征，能满足顾客视觉的舒适感（如图3-44～图3-50）。

图3-43　水平线构图

图3-44　水平线构图的陈列1

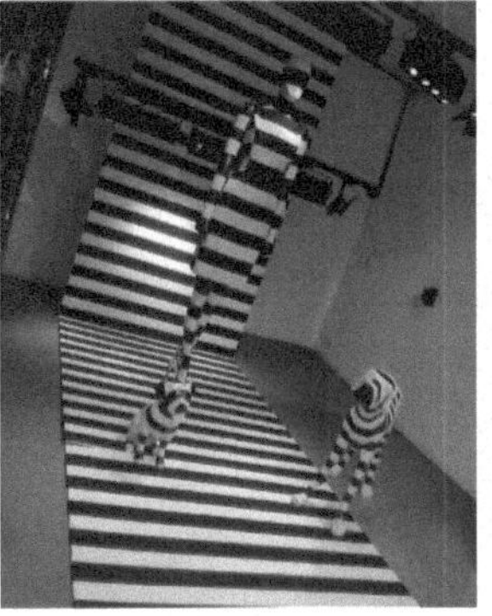
图3-45　水平线构图的陈列2

图3-46　水平线构图的陈列3

图3-47　水平线构图的陈列4

图3-48　水平线构图的陈列5

图3-49　水平线构图的陈列6

图3-50　水平线构图的陈列7

图3-51 垂直线构图1

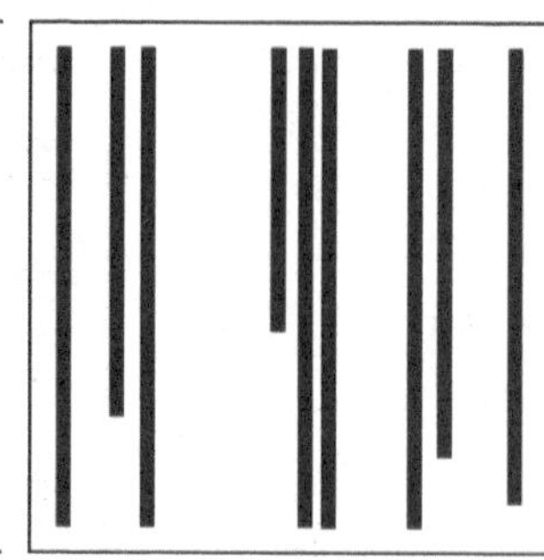
图3-52 垂直线构图2

图3-53 垂直陈列1

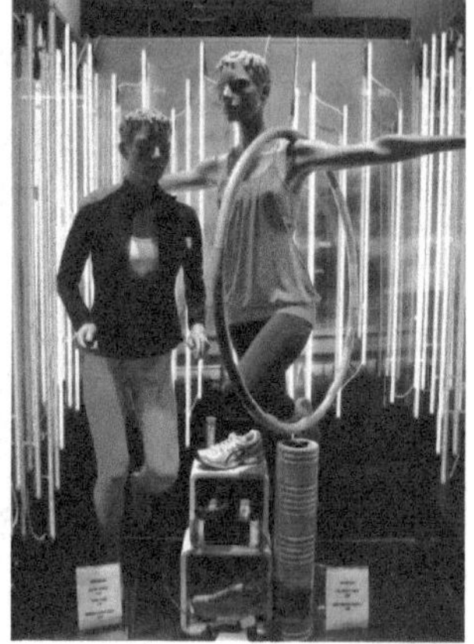
图3-54 垂直陈列2

垂直线构图具有向上、稳定、有力的感觉，垂直的运用易将公众的视线吸引到陈列物品上去，从而形成主要产品的重点陈列区位。人的视觉最自然的移动方式，是从一侧向另一侧，垂直线把注意力引至上下移动，使视线提高，也使陈列空间得以充分的显示（如图3-51、图3-52）。同时，垂直线具有分割画面、限定空间的作用，在横向的平行线可作为产品陈列的基本线路时，可通过垂直线进行分割、终止视线，把观众的注意力吸引到限定的画面上（如图3-53～图3-59）。

斜线构图可以打破平行线和垂直线的稳定感，制造一种动向的、富于变化的视觉效果。这种陈列形式会使顾客产生新奇感和刺激感，并产生一种动向的、欲求观望的心理，取得出人意料的陈列效果（如图3-60）。但是，斜线构图必须注意斜度和走向的控制，把握斜线和斜线之间的角度，在生动、活泼的变化中求得统一、平衡（如图3-61～图3-68）。

图3-55 垂直陈列3

图3-56 垂直陈列4

图3-57 垂直陈列5

图3-58 垂直陈列6

图3-59 垂直陈列7

同时，一点形成中心，向周围放射的斜线可形成扇形、半圆形等多种形式，可将人们的目光集中到焦点上，也可以从焦点引向四方。这种方法可强调重点商品，突出其视觉形象，是一种鲜明的陈列手法。

图3-60　斜线构图

图3-61　斜线陈列1

图3-62　斜线陈列2

图3-63　斜线陈列3

图3-64　斜线陈列4

图3-65　斜线陈列5

图3-66　斜线陈列6

图3-67　斜线陈列7

图3-68　斜线陈列8

2. 曲线

曲线是富有柔性和弹性的线，有优美、柔和、轻盈、自由和运动变化之感（见图3-69）。在几何曲线中，各种曲线也呈现了不同的性格。其中抛物线具有速度感，给人以流动和轻快的感觉；螺旋线有升腾感，给人以新生和希望；圆弧线有向心感，给人以张力和稳定的感觉；S形线有回旋感，给人以节奏和重复的感觉；双曲线有动态平衡感，给人以秩序和韵律的感觉。运用这些表情和性格各异的曲线进行陈列展示，可调节、活跃画面，使陈列节奏明显，韵律流畅，避免设计过于枯燥和呆板，给人以优美、活泼、生动的感受。

此外，线的粗细长短也给人以不同的感受，粗而短的线具有坚强、有力、稳定、笨拙、顽固等表情；细而长的线则有纤弱、细腻、敏锐、飘逸等表情。各种不同的表情若运用在不同内容的陈列中，其视觉效果是明显的。如几根粗壮、有力的古典柱式和树桩构成的背景，会给人一种雄浑、厚重之感，而绳索或竹竿构成的背景，则会有轻松、细腻的感觉（如图3-70～图3-77）。

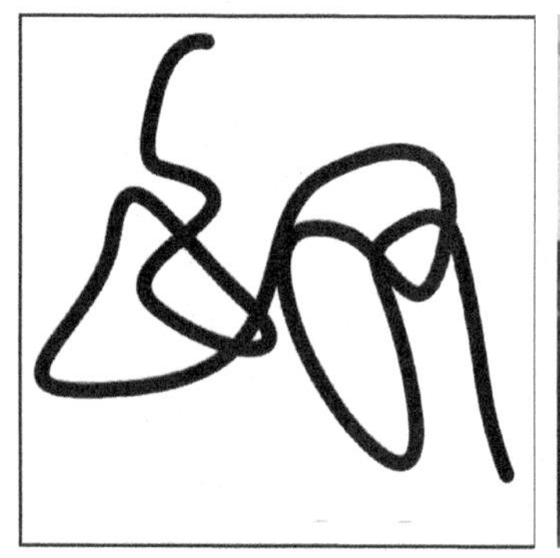

图3-69　曲线构图

图3-70　曲线陈列1

图3-71　曲线陈列2

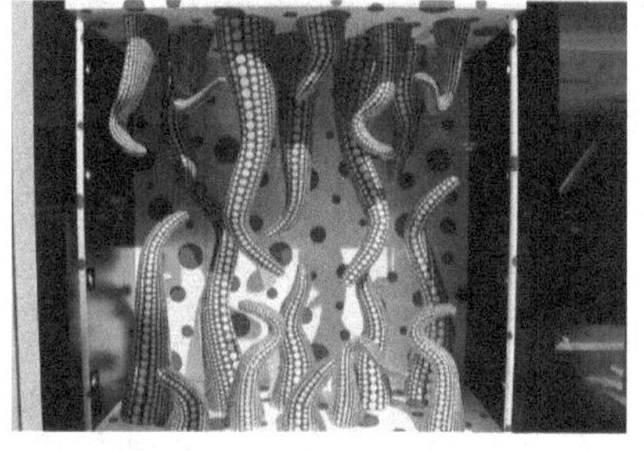

图3-72　曲线陈列3

图3-73　曲线陈列4

图3-74　曲线陈列5

图3-75　曲线陈列6

图3-76　曲线陈列7

图3-77　曲线陈列8

线在陈列中的运用还主要体现在确立线的走势方向和构成画面的基本骨架等方面。在充分运用其不同表情和性格的线来构图时，应注意以下两个方面的问题：一是方向性，即指线的位置延续移动的指向性，通常既要注意方向的对比（方向的不同），又要照顾到方向的呼应和过渡关系（方向相同）；二是各种线的构成不是单一孤立的，而是两种或多种线形的综合运用，这样才能形成丰富的构图形式。

三、面

线的运动轨迹形成面。面具有宽度、长度和方向。面的形态有无穷变化，总体可分为平面和曲面。平面又可分为几何平面和自由平面。

几何平面具有简单、清晰、明确的特性。几何平面最基本的形态是正方形和圆形，在这两个基本形态的基础上可以变化出长方形、椭圆形、半圆形、三角形、梯形、平行四边形、多边形等不同形态。不同形态的几何平面其性格也各不相同（如图3-78～图3-83）。

自由平面具有自由、随意、灵活的特性。在陈列设计中，面的构成体现在商品、道具、展柜、POP海报等的相互配置关系中。要注意上述各要素之间不同形态的配置关系，注意前后、大小、上下、疏密聚散的变化。主体陈列要素应配置在突出的位置给以强调（如图3-84～图3-91）。

图3-78　几何平面的运用1

图3-79　几何平面的运用2

图3-80　几何平面的运用3

图3-81　几何平面的运用4

图3-82　几何平面的运用5

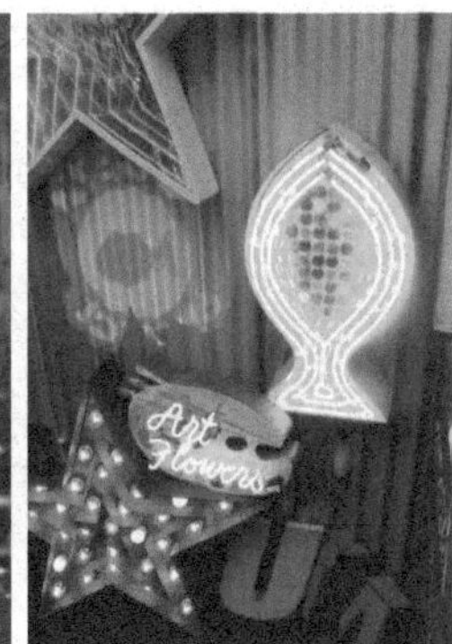

图3-83　几何平面的运用6

图3-84 自由平面的运用1

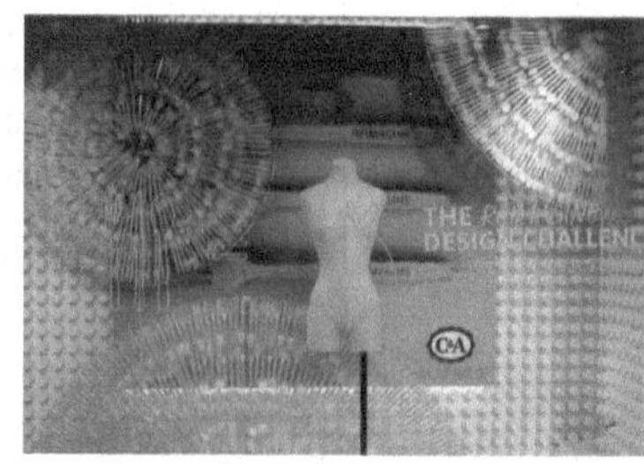

图3-85 自由平面的运用2

图3-86 自由平面的运用3

图3-87 自由平面的运用4

图3-88 自由平面的运用5

图3-89 自由平面的运用6

图3-90 自由平面的运用7

图3-91 自由平面的运用8

在服饰陈列中，面的构成如同二维空间的绘画一样，产品的配置过程如同绘画中对形象元素的经营，根据不同形状、大小、色彩、质地的表情和性格来进行相应的组合、搭配。在这当中，确认主要的形象要素并给予充分的表现和强调非常重要，这样才能突出主要形象，突出主题，使之成为视觉的焦点（如图3-92～图3-97）。

图3-92　多面的运用1

图3-93　多面的运用2

图3-94　多面的运用3

图3-95　多面的运用4

图3-96　多面的运用5

图3-97　多面的运用6

面在陈列构图中还有这样的启示，即根据不同面的形状特征来构成画面的主要骨架。如以正方形为主的形式构图或以长方形为主的形式构图，以及以圆形、三角形、梯形、椭圆形等不同形状特征来进行形式构图（如图3-98～图3-101）。

图3-98　多面的运用7

图3-99　多面的运用8

图3-100　多面的运用9

图3-101　多面的运用10

四、体

图3-102　体的运用1

体，是指面的移动轨迹。它是三维的形式，有长度、宽度和高度三个量度，一般还有重量感、稳定感和空间感。立体是实际占有空间的实体，它同二维的平面性不同，平面上表现的空间深度和层次是幻觉的面而不是真实的。而实体却是在空间中占据实际的位置，并从多角度都可以看到，同时也可以用手直接触摸。体的视觉效果能在不同角度看时产生变化，因而体更能充分地显示出独具的时间性和空间性（如图3-102～图3-105）。

图3-103　体的运用2

图3-104　体的运用3

图3-105　体的运用4

体在服饰陈列中有很重要的意义，它首先体现在画面中的实际空间效果，大多数服饰都是通过三维状态和立体状态的陈列形式来进行展示的。因此，立体的状态和效果是服饰陈列设计中首先要考虑的问题。

立体从形态上可划分为块体、面体和线体三大类。块体是指占有闭锁空间的一种立体，它具有连续的表面，给人以量感、充实感和安定感。面体是与块体相对而言，但两者之间的区别主要在于：块体有较大的体量，具有视觉上的量感和稳定感；而面体除了具有一定程度的相应实体感外，主要具有平薄的幅度感，服装、纺织面料就属于此类。线体的空间性较小、但方向性较强，在陈列中常常是以支架、框架等形式出现，并与面体组合而用。

体还可分为几何形立体和自由立体。几何形立体以圆球和正方体为代表，另外还有半球体、圆锥体、圆柱体、长方体等。从这些几何体的表情和性格来看，立方体具有大方、向上、稳重之感；垂直长方体给人以崇高、刚直、庄严之感；而横向长方体则给人平直、祥和、舒展之感。如果这些基本形变化出各种不同的形态，加上各种不规则的自由立体形，体的表情和性格则会更加丰富多样（如图3-106～图3-117）。

图3-106 正方体的运用1

图3-107 正方体的运用2

图3-108 正方体的运用3

图3-109 长方体的运用1

图3-110 长方体的运用2

图3-111 圆柱体的运用1

图3-112 圆柱体的运用2

图3-113 球体的运用1

图3-114 球体的运用2

图3-115 球体的运用3

图3-116 球体的运用4

图3-117 球体的运用5

图3-118 体的运用1

体在陈列构图中表现在商品、展具、装饰品等各种形式要素所占的空间、位置关系中。服装产品的大小、款式、位置、色彩、质地等都会形成不同的对比效果。另外，通过不同的陈列方法也能获得新的立体效果，也可根据产品特性和要求进行包装以取得新的立体特征（如图3-118～图3-125）。

图3-119 体的运用2

图3-120 体的运用3

图3-121 体的运用4

图3-122 体的运用5

图3-123 体的运用6

图3-124 体的运用7

图3-125 体的运用8

第二节　对称与均衡

对称是指视觉形象相对于某个点、直线或平面而言，在大小、形状和配置上相同而形成的静止现象，自然界中的对称比比皆是，如树木花卉的叶片、鸟类的翅膀、动物的肢体、甚至人体本身就是对称的形式。人类的艺术创作也充满了对称的形式，如中国古典建筑、寺庙、家具等。

对称分完全对称、相似对称和平行对称。完全对称是指中心点、直线或平面两边的形象完全相同。镜子内外的形象是典型的完全对称现象。这种配置形式给人感觉平稳、有序。相似对称也叫做近似对称，是指中心点、直线或平面两百年的形象在大小、形状、位置上近似，重量感相同的对称方式。近似对称是在平稳中有变化，有序中更生动的形式。平行对称的典型例子是互生叶序的植物枝叶，如桃树的叶子、人脚印等。

陈列设计中对称的运用非常广泛，对称构图给人感觉庄重、稳定、大方，但如果运用过多也会给人呆板、沉闷的感觉。在实际陈列设计中可以采取对称形式的骨架，而在产品的陈列上有所变化，以求稳定中的生动变化（如图3-126～图3-131）。

图3-126　对称与均衡的运用1

图3-127　对称与均衡的运用2

图3-128　对称与均衡的运用3

图3-129　对称与均衡的运用4

图3-130　对称与均衡的运用5

图3-131　对称与均衡的运用6

第三节　对比与调和

对比是指不同形状、大小、色彩等视觉要素配置在一起而产生的一种差别对立关系。这种构成关系可以带给人强烈的视觉刺激，产生生动的效果，容易给人留下深刻印象。调和则是在一个构成中，各个要素间具有相同或近似的性格特征，从而产生一种和谐的美感。对比强调的是各个要素的个性（如图3-132～图3-137）。

调和则是体现不同要素的共性（如图3-138～图3-143）。调和也是人本能的视觉要求，但调和的获得不仅是通过各个要素间的弱对比，而且体现了局部要素对比与整体之间的调和关系。在服饰陈列设计中对比的内容非常丰富，通过产品、道具、装饰、POP海报等视觉要素的形态、不同品牌在对比和调和的运用上有很大区别。高档服装品牌适合类似要素弱对比，而运动品牌、中档年轻品牌更适合差异要素的调和。

图3-132　对比的运用1

图3-133　对比的运用2

图3-134　对比的运用3

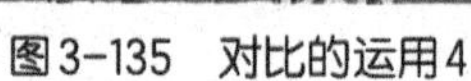

图3-135　对比的运用4

图3-136　对比的运用5

图3-137　对比的运用6

图3-138　调和的运用1

图3-139　调和的运用2

图3-140　调和的运用3

图3-141　调和的运用4

图3-142　调和的运用5

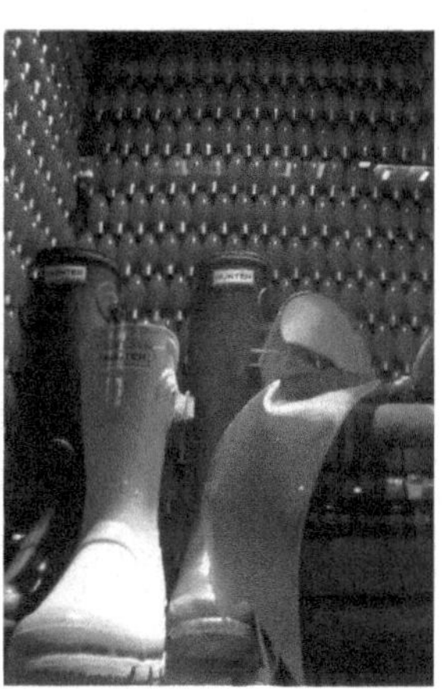

图3-143　调和的运用6

第四节　比例与尺度

陈列的比例指的是量之间的比率（如长度、面积、体积等），存在着部分与部分、部分与整体之间的关系。敏锐的比例、尺度概念是陈列师的基本职业素养，在陈列艺术形式中，几乎所有方面都牵涉到比例。将面积、体积不同的造型和色彩等要素根据比例原理做完美组织，可以获得美的位置、造型、结构或色彩，运用不同的比例还可以实现所需的错视效果（如图3-144～图3-151）。

图3-144　比例的运用1

图3-145　比例的运用2

图3-146　比例的运用3

图3-147 比例的运用4

图3-148 比例的运用5

图3-149 比例的运用6

图3-150 比例的运用7

图3-151 比例的运用8

比例是在配置与组合过程中，在数量上进行的最优化组合。古代学者把几个理想的比例公式作为设计原理，其中最重要的比例是黄金比例（1 ： 1.618），它也是公认的构成优美比例的基础。

人类历史中，比例一直被运用在建筑、家具、工艺及绘画上，尤其是希腊、罗马的建筑，比例被当成一种美的特征。在古典美学中，有“美是和谐与比例”的说法，可见比例具有的重要意义和价值。根据具体设计要求和视觉效果，采用各种不同的比例，以追求设计的变化和新颖性。

第五节 反复与渐变

反复是指相同或相似形象的反复出现，由此可以形成统一的整体形象。其手法简单，具有单纯、清晰、连续、平和的效果和节奏美感，变化反复则是在反复中有变化，或者是两个以上基本形的重复出现，能形成节奏美的某种单纯的韵律美，但变化的层次不宜过多，陈列设计中常采用反复的形式，使不同规格、款式的产品做连续均等的陈列，给人以条理性和秩序感。

渐变是指相同或相近形象的连续递增或递减的逐渐变化，是相近形象的有序排列，也是一种以类似的形式统一的手段。在对立的要素之间采用渐变的手段加以过渡，两极的对立就会转化为和谐的、有规律的循序变化，造成视觉上的幻觉和递进的速度感。利用渐变的形式（放射也是一种渐变）是形成节奏感和韵律感的主要方法。在陈列艺术表现形式中，渐变是常用的有效形式，尤其适合于食品类、日用百货类、服饰类等系列化小商品的陈列。另外，渐变中的突变也是平淡中求得新奇，制造使人出乎意料的效果、形成新奇魅力的有效形式（如图3-152～图3-162）。

图3-152　反复的运用1

图3-153　反复的运用2

图3-154　反复的运用3

图3-155　反复的运用4

图3-157　反复的运用6

图3-156　反复的运用5

图3-158　渐变的运用1

图3-159　渐变的运用2

图3-160　渐变的运用3

图3-161　渐变的运用4

图3-162　渐变的运用5

第六节　变化与统一

变化与统一在形式构成中，两个因素相辅相成，配合默契，但两者不能处于等量齐观的地位。如追求动荡和刺激，即可加强统一中的变化因素；如追求安定与平和，则可强调变化中的统一因素。变化中求统一，统一中求变化，其余所有法则在具体运用时，无不体现这一中心法则的根本要求。

变化与统一是矛盾的两个方面。尽管两个方面处于对立的位置，却是不可分割的一个整体。中国画的形式构成中常以“相兼”来调节矛盾两个方面的相互关系，如方中见圆、圆中见方、疏密相兼、虚实相兼，即把矛盾的两个方面调整为兼而有之的一种美感追求。在陈列设计中，如果能对商品、展具、装饰物、标牌、背景灯构成要素在虚实、疏密、松紧、黑白、轻重、大小、繁简、聚散、开合等许多矛盾中体现出兼而有之，可使陈列呈现出既生动、活泼又有秩序，调和的视觉关系形式。形式中的变化统一，是矛盾着的要素相互依存、相互制约和相互作用的关系。它最突出的表现就是和谐，而这里的和谐，并非消极的变化和简单的协调统一，而是积极的变化，使互相排斥的东西有机会组合。一个优秀的陈列设计如果缺乏对比，就必然会单调、平庸和乏味；如果缺少统一，又会显得杂乱无章。和谐样式不是信手拈来、随意而得，而是从变化和统一的相互关系中得到的。故应该认真研究和掌握既变化又统一的相互关系，并有效地运用在陈列设计中（如图3-163～图3-170）。

图3-163　统一中求变化1

图3-164　统一中求变化2

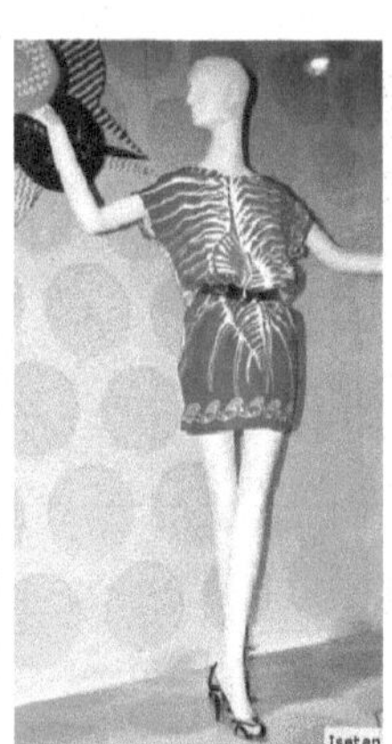

图3-165　统一中求变化3

图3-166　统一中求变化4

图3-167　变化中求统一1

图3-168　变化中求统一2

图3-169　变化中求统一3

图3-170　变化中求统一4

第七节　节奏与韵律

节奏是指连续出现的形象组成有起有落的韵律，是客观事物合乎周期性运动变化规律的一种形式，也可称为有规律的重复。它的特征是使各种形式要素间具有单纯和明确的关系，使之富有机械美和强力的美。节奏在客观世界中比比皆是，此起彼伏的群山，风吹芦苇的不停摇曳，日出日落、白天黑夜，周而复始的春秋寒暑等都是一种节奏的表现。陈列中的节奏主要是通过商品的形、色、肌理等多次重复，或通过商品陈列中的虚实、疏密、松紧等连续而有规律的变化来体现的。商品的交替重叠、有规律的变化能引导顾客的视觉活动方向，控制和激发视觉感受的规律变化，给人的心理造成一定的节奏感。

韵律是指有规律的抑扬变化，它是形式要素呈系统重复的一种属性。其特点是使形式更具有律动美。这种抑扬变化的律动在生活中俯拾即是。例如人的呼吸和心跳，以及其他生理活动都是自然界中强烈的韵律现象。

节奏和韵律是既有区别又互相联系的形式，节奏是韵律的纯化，韵律是节奏的深化，是情调在节奏中的运用。如果说节奏是富于理性的话，韵律则更富感情，节奏和韵律的主要作用就是形式产生情趣，具有抒情的意味。

韵律的形式按其形态划分，有静态的韵律、激动的韵律、雄壮的韵律、单纯的韵律、复杂的韵律；若按结构来分，可以分为渐变的韵律、起伏的韵律、旋转的韵律、自由的韵律等形式。这些富有表情的形式，对陈列来讲是极为丰富和重要的手段。不过，采用何种形式，应根据服饰种类和主题内容而定（如图3-171～图3-181）。

图3-171　节奏与韵律的运用1

图3-172　节奏与韵律的运用2

图3-173　节奏与韵律的运用3

图3-174　节奏与韵律的运用4

图3-175 节奏与韵律的运用5

图3-176 节奏与韵律的运用6

图3-177 节奏与韵律的运用7

图3-178 节奏与韵律的运用8

图3-179 节奏与韵律的运用9

图3-180 节奏与韵律的运用10

图3-181 节奏与韵律的运用11

第一节　陈列的元素性设计

陈列设计中所用到的元素是个很大的概念，似乎有点天马行空。但是仔细揣摩就会发现这些元素运用的背后都是跟社会重大事件或某种设计思潮相连接。商品本身就是与我们生活息息相关的，对于商品陈列所用到的设计元素也必定是来源于我们生活。不少陈列设计的元素多是跟当下社会正流行的政治、经济、文化、科技甚至娱乐等方面的内容挂钩，例如世界杯、中国世博会、H&M与哪一位艺术家的新合作等这些事件都有可能是陈列设计所利用的元素。大概总结一下可以得出以下几个典型元素性设计：社会流行文化设计元素、艺术性包装设计元素、高科技设计元素、新生活方式设计元素。

一、社会流行文化设计元素

社会流行文化设计元素都来源于当下百姓流行生活中的现象，是一种生活态度。受世界杯的影响，全民加入了足球竞技的运动中，全世界都在感受这样的一种积极、狂热的生活态度，毕竟不是每年都有的比赛。商家更是不会错过这样的商机。如图4-1中的场景式陈列法，永远拥有张力十足的舞台表现力。一侧的大海报印刷着足球和裁判。幽默的足球四周跳跃加上裁判夸张的表情，模特中间依次排列，犹如定格动画的逐帧播放，再次加深了的现场感和真实感。而模特的头部也都被活力的球体代替显得怪异而又与主题和谐，能较好的吸引眼球。

图4-1　世界杯在陈列设计中的体现

当国人都在说西方世界多先进多好的时候，却忽视了中国正逐渐受到西方国家的重视。越来越多的老外开始接受甚至热爱中国文化，当然也包括设计师。开始有大量的设计师喜欢采用中国的文化元素作为设计灵感来源。至此，世界前沿舞台上总少不了

图4-2　橱窗设计的中国元素

图4-3　西班牙品牌罗意威（Loewe）首家精品店

一个词——中国风。中国的社会文化生活已然被世界接受了。图4-2中2013年的中国春节与西方情人节在同一周，由于两个节日并没有直接联系的关系，因此橱窗设计师在陈列此节日橱窗的时候难免会有些困惑。然而，Le Privee 陈列设计团队机智的用极富创意将这两个节日用单一元素结合：使用中国江南特色的纸伞元素，并使用情人节经典颜色——粉色渲染。制造整体中西结合的浪漫氛围。

二、艺术性包装设计元素

任何商业行为只要跟艺术挂钩了，其商业层次似乎就会高人一等。从陈列行业的发展来看，最简单的陈列就是直接罗列售卖的商品，发展到现在纷繁复杂的陈列已经不再是简单的罗列了。甚至陈列的定义也不仅限于商品了，如何在这样竞争激烈的商业圈里给消费者留下深刻印象，沾上点艺术光彩总是很有效的宣传方式。因此，很多大牌界的设计师喜欢跟各式各样的艺术家合作推出新的产品，希望在艺术的洗涤下能淡化点商业味道而增加其商品的内在气质，不少的艺术性元素包装就应运而生。2014年7月10日，西班牙品牌罗意威（Loewe）在米兰开设了首家精品店，该店坐落在蒙特拿破仑大街，店铺设计以舒适的交流为主题，让人一走进店里有种家的感觉，同时还充盈着艺术的气息，店内摆放William Morris设计的长椅和Ambrose Heal设计的“猫头鹰”柜子，还与意大利艺术家Ugo La Pietra合作，在店内展示了该艺术家的五个陶瓷雕塑作品，并且提供了缩小版本让顾客购买（如图4-3）。陶瓷艺术的作用使消费者更容易接受其商品的价值。

三、高科技设计元素

就传统的陈列而言，所用的陈列手段比较单一，基本以图片、商品、货柜、模特、家具等为陈列的主体。而进入新世纪，高科技产品的出现与应用，为习惯了原有陈列手段的观众带来了全新的体验，增强了互动感，丰富了陈列内涵，受到人们的追捧。尤其是一些新型材料的出现和运用，为店内的装饰陈列提供了千变万化的可能，为各自的品牌形象提供更有力的表现形式。所以现在各种品牌都喜欢开设概念店来表现品牌的商品特色和消费理念。位于重庆市渝中区民权路新华国际大厦四楼的Me&City全新概念店正式开门迎客，1400平方米的空间涵盖了

Me&City全线系列产品、咖啡店、O2O实验室与当代艺术展示空间，这是Me&City前所未有的一次尝试，空间的总体基调以浅灰色和白色为主，分为男装区、女装区、商务区与配饰区，黑白视幻图案、波点、撞色、大色块拼接，这些曾经频繁出现在20世纪60年代的经典元素，在Me&City概念店里得到了完美交融，为本店特别定制的不锈钢钢盔模特则矗立在中心展示区，身着科技感面料的新系列呈献了品牌美学与现代科技。大型球体外包裹着印有大事件的图案，整体店内氛围未来感十足（如图4-4）。

图4-4　科技感元素的使用让Me&City概念店更具有年轻气息

四、新生活方式设计元素

新生活方式不仅存在于年轻人群体里，对于其他人群而言，生活方式也在不断改变。生活方式是随着经济环境、社会文化、自然环境的变化而变化的。尤其是现在生态环境的恶劣和资源的枯竭影响了很多人的生活方式，他们不得不引起这方面的重视。所以引发了低碳出行、地球停电一小时等这样的环保性行为。而在陈列设计里，很多品牌无论是店内还是橱窗的设计其实展示的都是一种生活方式，他们这种对生活的态度与目标消费群体的生活态度是能产生共鸣的，才能吸引到目标群体。图4-5是一家米兰暗黑风格买手店DAAD-Dantone，这家别致买手店从店铺装修到内部陈列都精心搭配，与衣服浑然一体。尤其是灯光的照明设计与普通店内照明不一样，并没有将店内的泛光照明调的很亮而是强调了展示区域内的背景光和顶光，整体

图4-5　暗黑风格的DAAD-Dantone买手店

图4-6　10 Corso Como店融入环保理念的陈列

氛围符合品牌的形象理念。对于喜欢前卫简洁生活方式的人群是该品牌的主体消费者。图4-6中10 Corso Como上海店四月会从时尚到设计，以及美食的一系列环保产品来推行绿色环保的生活方式。环保周会在10 Corso Como上海空间的一层至顶层进行，还会为顾客们设立特别的绿色环保站点，推荐一些灵感和建议来指引怎样从事和推广更好的绿色环保的生活方式。

第二节 陈列的季节性设计

一、突出本季特点

商品的销售是随着季节性变化而变化的，尤其是服装这种快时尚消费品。在商品的陈列上一定要突出本季的特点，陈列的季节性区分不仅是不同品牌、不同专柜的变化，也是同一专柜、同一品牌的季节性变化。这些变化要能给顾客全新的面貌，采取不同的陈列方式来刺激销售。季节性商品的陈列应在季前就开始，商店应了解顾客的潜在需要，根据天气的变化来改变商品的陈列，否则会丧失销售的良机。服装销售时，在夏季时期就要上秋季的商品了，到夏季末很多品牌基本上秋装都上好几波了。当商品因季节性发生更替时，陈列一定是要在商品更替前就要做出先行者的气势了，这也是在告知消费者该品牌的商品信息。值得注意的是，在季中的销售中对于畅销的商品要陈列在视觉中心的位置，并且在不同的货柜进行穿插陈列，尽可能增加顾客试穿或关注的概率从而增大购买概率。而在季末时，对于一些打折促销的商品，由于无法补货所以不可能放在陈列的中心，但因为前期的畅销，也会引起消费者的关注，这个时候因为货码不全多次出现销售断码情况会影响整体销售成功的概率，因此要有引导性的标志来帮助消费者。

二、体现季节变化

如图4-7中丹佛街集市（Dover Street Market）纽约店进行第一次一年两度的形象大转

（a）Comme des Garcons 秋冬系列

（b）Pre-launch Capsule 系列

图4-7　纽约丹佛街集市

变，在7月17日至18日进行秋冬季的形象改造，同时新增了新空间。不仅进行了秋冬季的改造，还新增了Loewe的Pre-launch Capsule系列、Riccardo Tisci与Nike合作系列和Phoebe English的装饰布置。在秋冬的季节性陈列中也着重对服饰配件和包包的陈列，加强店内商品的丰富感。Zara Home于4月11日在日本东京开设亚洲首间旗舰店，新店坐落于日本高级地段南青山的闹区，本次开幕特别邀请了日本知名摄影师同时也是电影导演的蜷川实花共同打造店里的限定橱窗。全世界Zara Home一周进货两次，以无时差的方式带来家居生活的时尚感受。但是仍然要体现出季节性的特点，所以4月的橱窗展示选用嫣红姹紫的颜色，给消费者带来了温馨和春意盎然的感觉（如图4-8）。

图4-8　Zara Home在日本东京青山店的春天家居

第三节　陈列的主题性设计

主题性是每个视觉陈列师都不会陌生的词语，它是陈列师在工作前就需要定位的创意元素，这些元素都是服务于商品的展示。主题的确定是和方案一起诞生的，它们互相关联成为店内主体感官的指挥棒，也是主题形成的线索。主题是需要精心策划和仔细思考的，陈列师运用这些主题元素创作“故事”或上演“戏剧”，用来激发人们的购买欲望。这些主题可以是季节性的也可以是对当下社会流行文化、政治或经济发展趋势的诠释。总结以上基本可以列出典型的主题特征：季节性主题、故事性主题、大型海报主题（Logo主题）、节日性主题、促销性主题。但是无论什么主题必须与自身品牌的定位相符合，不能产生与品牌理念跨度过大的主题陈列，这样做是会有流失目标客户群的风险。

一、季节性主题设计

季节性主题设计对于消费者来说是很常规的，人们习惯性地欣赏在不同季节展示不同风格的商品，尤其是服饰品类商品。在季节性主题里色彩是很关键的，色彩的选用往往也决定了陈列的主基调，针对不同的时节有不同的用色标准，这一点不仅是专业的陈列师要能一眼明白，就是普通的消费者也应该能第一眼从陈列里感受到时节的变化，所以色彩在季节性主题的陈列中是极为重要的因素。另外一些季节性的道具要明显，要能代表特定季节的物品或者道具形式，道具要用的富有创意而又恰到好处，如图4-9的爱马仕橱窗。从1977年起，Leila Menchari就开始为位于巴黎福宝大道24号爱马仕（Hermes）总店做橱窗设计工作和标志徽章的设计工作。她所做的工作已不再只是简单陈列商品的橱窗，而是一个华丽、古典、带着幻想主义色彩、一年四季异彩纷呈的世界。每一季最新推出的爱马仕（Hermes）包包、丝巾、鞋履等单品，就在这样的幻想世界中与世人见面。图4-9（a）中是爱马仕2011年夏季橱窗，选用典型的夏季植物椰子树作为道具主体，还有一些夏季代表性的水果植物和柔软的沙粒作为展示辅助，整个一个海岛风情，但是偏偏又反常规的运用白色作为整体的主色调将现实中的绿色植物和缤纷的水果全都用白色来诠释，偶有蓝色作为点缀。在炎炎夏日又能给人清凉舒适的感觉。而图4-9（b）中是爱马仕2011年秋季橱窗，整体采用暖色调既有夏末的热情又有秋季收获的喜悦，热闹非凡的道具展示丰富了橱窗的商品内涵预示着爱马仕在这一季的丰收。同时又带有一丝异域风情氛围烘托这一季商品的异国情调。

(a)

(b)

图4-9　爱马仕橱窗

二、故事性主题设计

故事性主题设计简而言之就是讲故事，以某一个代表性实物诉述或故事人物为主体。它可以是一个人人皆知的“戏剧”或“故事”，也可以是为自身品牌或商品创造的情景，而且如果故事主体运用得当，不仅可以在橱窗里陈列也可以在店内陈列故事主题元素，利用模特、衣架和道具能增加整体的故事氛围。而往往故事的主体会放在某一个区域内的旗舰店或总店，用来标示这一季的商品销售主题，其他的分店都以这样的销售主题为准进行陈列。故事性主题的好处就在于能有效地创造人性化色彩，使得商品更能亲近和吸引消费者，能有效地与消费者产生共鸣。图4-10中朗雯（Lanvin）2012秋季系列橱窗上演“推理悬疑”剧情，展示给人现场感十足的感觉，运用了大量如血滴泼溅的油彩，配同橱窗模特的姿势和诡异的灯光，制造出凶案现场的诡异，看男模女模纷纷倒下却仍旧保持着

图4-10　朗雯（Lanvin）2012秋季系列橱窗

精致的装扮，反差感如此强烈如此鬼魅，刺激到消费者的感官神经。在橱窗里泼溅的油彩成为重要道具，搭配破案情节里常有的雨伞和礼帽，烘托着窗内诡异的氛围。并且橱窗内的可调节轨道照明在气氛效果中起到不小的作用。图4-11中巴黎春天百货以电影《爱丽丝梦游仙境》（Alice in Wonderland）为灵感布置的橱窗装饰，以电影中著名的兔子造型代替模特，表现出乖张怪异的氛围。

图4-11　巴黎春天百货的橱窗

三、大型海报性主题设计

大型海报性主题设计也是很常用的一种陈列方式，陈列背景没有任何道具或极少道具，只有巨幅海报和品牌Logo作为展示主体。展示中呈现本品牌的主流风格，时尚大片完全是自身品牌形象代言，海报和Logo就是品牌的一个符号，相对于强调艺术氛围的橱窗展示，这样的主题橱窗会更显得商业化，手法更直接，也更高调。直接承担着对品牌风格、个性的传播，商家也追求一种日积月累的宣传效应。如图4-12中Burberry在香港第一间旗舰店其店面设计大气简洁，巨幅时尚大片镶嵌于门头，吸引了不少过往人群的目光。

图4-12　Burberry在香港旗舰店

四、节日性主题设计

节日性主题设计一般是橱窗展示的重头戏，零售店会依据季节、时令和特殊的节日来向消费着传达商品信息。节日性主题的陈列竞争也相当激烈，因此用独特的眼光选用什么样的节日元素是每个陈列师都需要精心构思的。最难堪的事情莫过于陈列之间的雷同，容易混淆消费者的视觉感受从而影响区分品牌特征的认知力。所以节日主题的橱窗是对每个陈列师的一大专业和创意的考验。不同的节日所要求的氛围不同，例如情人节和圣诞节。情人节更强调爱人之间的浓情蜜意，如何让这样的情谊感染自身品牌并最终影响到消费者是陈列的目的，陈列师充分调动情人之间的各种感情元素来为自己的设计服务。而圣诞节则是强调家人之间的和睦、团圆，注重温馨的亲情。陈列师则是要在这样思维下来创造一个美妙的圣诞氛围来吸引目标群体，更为重要的是要如何挑选创意元素来满足圣诞气息的宣传，而又不能与其他品牌的圣诞展示发生雷同。而往往越大竞争环境下却是有越多的财富资源和创意收获，这也是为什么节日主题橱窗向来都是陈列师一展拳脚的大好时候。而消费者也能在特殊时节享受一场缤纷艳丽的视觉盛宴。

图4-13中卡尔·拉格菲尔德（Karl Lagerfeld）带领他的香奈儿王国用香奈儿（Chanel）的时尚气息点缀巴黎春天百货（Printemps）的圣诞季橱窗。卡尔·拉格菲尔德（Karl Lagerfeld）将这次圣诞橱窗命名为“远方的梦”，漫步过一个个橱窗，带给消费者一场穿越时空的梦中之旅，去美国、英国、北欧、俄罗斯旅行。许多以卡尔·拉格菲尔德为原型的公仔也展现在橱窗中，他们造型各异、时尚逗趣，不变的是老佛爷那标志性的白发和墨镜。喜庆和梦幻的背景配上定制的玩偶使得奢华中带有一丝童趣。

图4-13　大红渲染的舞台搭配高雅的小玩偶创造了一个类似于百老汇的热闹场景

五、促销性主题设计

促销性主题与其他主题最大不同就是尽可能地直接明了地告诉消费者展示的目的。在季末和特殊日期里很多品牌都采用打折促销来清空库存。“折扣季”、“年中庆”、“换季清货”等各种名目进行促销，而其中，服装快销品店折扣幅度最大。因此，在选用促销打折展示的素材时就应该考虑利用醒目色彩和道具来帮助吸引消费者，尤其在一些换季商品和节假日促销时其很多素材都是与时节相关联的。所以促销的橱窗展示显得比店内更为重要，只有在店外将消费者吸引至店内才有可能让其享受到更多的商品选择从而促进交易的成功。因此，促销的展示窗口其实也可以很美丽。在促销方案设计时一般从两点着手：一是从体积和面积上取胜，就是尽可能放大促销焦点；二是从数量入手，尽可能地重复或增多促销焦点或相关辅助道具设计。零售商在这个时候都希望通过大量的促销宣传让自家商品比平时更具有吸引力，而这些促销的代价其实很大，所以很有必要做好先前的预算和计划。如图4-14中是Storeage为Levi's做的创意促销店铺设计。大橱窗中陈列的是佩戴漂亮发型模特，模特身上统一穿着黄色T恤黑色裤子，显得简单而醒目，并且与背景促销海报相统一。而在店铺侧面的小橱窗中，行人还能够看到真人版的理发师正在为顾客理发，Tony & Guy发型师活动介绍海报，此种动态的橱窗展示，体现品牌促销方式无限创意，透明而鲜亮的海报设计，起到良好活动宣传作用。店内促销商品也都是贴上醒目的黄色吊牌配有黄色宣传海报。所以一般零售商都会把一年中的大开销橱窗方案和中等橱窗方案穿插使用做到尽可能保证橱窗质量而又不会花费太多资金。

图4-14　Levi's的创意促销店铺设计

第一节　色彩在陈列设计中的作用

色彩是表现服装外观形象的重要特征之一，陈列色彩设计就是通过合理运用色彩的特性与规律对服装色彩和陈列空间色彩进行规划和配置，使之成为和谐的整体，充分表现出服装设计的特点和品牌形象，陈列空间的效果达到怡情悦性的艺术境地，给消费者的购物过程以美的享受。成功的服装陈列色彩设计能够提高服装商品的销售，形成一定的附加值，展现服装品牌的色彩风格，反映现代消费者的消费意识与审美观。

服装品牌要在多变复杂的市场竞争中获得固定消费群体和立足的市场地位，占有一定的市场份额，色彩营销策略是赢得有效竞争力的重要渠道之一。服装品牌色彩的准确定位是一项系统性的艺术工程，不同地区、不同群体、不同的文化背景等作为色彩定位的影响要素。作为品牌色彩定位的内容和设计表现的载体，色彩在服装陈列中以其有色形式展现极强的艺术表现力，它的重要性在整合终端销售市场与消费者购买需求时便会突显出来，这也决定了色彩对整个陈列空间有着重要的制约作用，直接影响到消费者对商品的选择。色彩是陈列设计中最能营造形式美感与购物氛围的设计元素，通过色彩的调节，可以规范和协调服装、灯光、环境、陈列道具等陈列元素之间的关系，使色彩达到预想的视觉效果，更好地体现出服装品牌的文化价值与市场价值。

一、导识性作用

色彩本身所具备的特点是有很强的识别度和引导力，这种色彩的导识性作用构成了塑造品牌视觉形象的重要内容。色彩成为服装特征、品牌性质、企业文化的浓缩符号以及品牌形象在传播中的视觉感官点。知名品牌给人们带来鲜明的色彩印象，无论是Chanel的黑与白，还是Valentino的红都深入人心。正是因为人的视觉能感知的一切色彩现象都具备的特性。在服装陈列中运用人们熟知的代表品牌符号的色彩体系，能传达品牌的流行性与经营理念，也能深化消费者对品牌的信赖感与认知度。

二、优化性作用

色彩是具有感染力的视觉元素，人们对服装陈列色彩所产生美与丑的心理感受极大地影响着服装商品的销售。从美学角度来说，赏心悦目具有形式美的服装陈列色彩能增添服装的美感，增强视觉冲击力，提高消费者的关注度。首先，色彩作为服装陈列中的关键性因素，最为直接的表现形式是最大化地展现服装色彩的优势，塑造陈列环境的整体色调，增强陈列空间的秩序感。陈列色彩的主色调要符合品牌色彩的定位，主色一般采用2～3个色彩，色彩组合的配置要符合形式美的需求，再结合美感优先的陈列手法在有限的空间内，使服装商品的色彩和造型能产生更高的附加值（如图5-1）。其次，利用服装色彩的特点决定展示区域，环境色彩与服装陈列之间运用反衬、烘托的处理方式，配以相应的陈列道具，结合丰富的陈列形式，按照一定的色彩组合进行陈列。整体陈列色彩既要具有统一性，又要具有一定的可变性，从而优化和突出服装陈列的效果，能够持续性地刺激和加深消费者对品牌的认识，激发消费者的消费欲望。正因为色彩基调作用于人的情绪，直接影响陈列环境的效果，所以利用色彩确定陈列空间的色彩基调，能让消费者对陈列空间产生视觉联想，平衡服装色彩与陈列空间的色调，赋予空间更多情感，烘托陈列所需的特殊空间氛围，强化品牌理念与形象，服装商品给消费者带来良好的视觉效果与心理效果（如图5-2、图5-3）。

图5-1　确定主色调，优化陈列色彩的秩序感

图5-2　陈列色彩的优化性作用1

图5-3　陈列色彩的优化性作用2

三、聚焦性作用

著名的“七秒色彩定律”论证了色彩作为视觉要素的影响力，因此要吸引消费者的注意力，必须在服装陈列设计中最大化地发挥色彩的优势。视觉扫描有一定的规律，先正面后两侧，先近处后远处，先平视再上下，针对这种视觉观察的规律要灵活利用，充分发挥色彩的作用。可以在卖场显著位置运用色彩的对比关系突出鲜明的主题陈列；或利用服装色彩的衬托法及点缀法，营造出强烈的视觉效果，在控制整个区域的色彩范围中达到以点带面的效果。如在一组产品中，若把黄色系产品挂在中间位置，而两边则需采用深色系产品映衬，达到凸显黄色系产品的前进感，周围的产品则带有后退感，黄色成为整个视觉的焦点（如图5-4）。

在陈列中充分体现色彩的聚焦作用，应综合考虑服装的面料、款式、色彩等因素，服装整体的搭配关系应和谐，并与空间环境相呼应，主次分明、互相关联。重点推荐的服装还可借助有色的局部照明以增加视觉的聚焦度，突出服装的美感（如图5-5、图5-6）。

图5-4　服装陈列色彩的聚焦性作用

图5-5　H&M橱窗陈列将灯光聚焦在每款服装上

图5-6　某女装品牌的橱窗设计

第二节　陈列设计中的色彩情感

在自然界与生活中，缤纷的色彩为人们带来视觉的艺术享受，也增添生活的乐趣。经过漫长的发展，色彩的情感判断主要取决于人的主观意识，这也是色彩特有的艺术表现形式。人类有与生俱来的能力，可以对色彩产生联想，形成情感共鸣，如冷暖感、轻重感、远近感等。一般明度高的色彩即亮色，会显得活泼、轻快，具有明朗的特性，明度低的色彩即暗色，则令人产生沉静、稳重的感觉。纯度即色彩的饱和度，纯度的差别会造成朴素或华丽的不同感觉，低纯度的颜色会产生朴素感和高雅的格调，反之则感觉华丽和热烈。

当然人们对色彩的情感诉求随着时代的变迁逐步提升，而色彩情感是形成服装品牌色彩风格和卖场色彩风格的重要因素。因此在陈列设计中要准确地把握色彩给予人的心理感受，结合所要展示的服装风格，塑造出具有视觉美感和市场价值的服装形象，引导消费者的购物心理。通常会采用对大众形成情感共鸣的色彩作为主色。色彩的优势在于它是极具感染力的视觉语言，在服装陈列中色彩的应用就是为了实现这种潜在的价值，利用色彩的情感打动消费者。服装陈列设计中的色彩情感包括最直观的冷暖感，通过有序合理的色彩组合后形成的稳定感与平衡感、节奏感与韵律感。

一、冷暖感

冷暖感是人们对色彩所产生的一种主观心理感受，如红色让人联想到太阳、火，有暖和的感觉。蓝色让人联想到蓝天、海洋，有清新、凉爽、寒冷的感觉。因此，在有彩色系中，一般将红色、橙色、黄色等带有温暖感的色彩归类为暖色，这类色彩让人产生前进、扩张的视觉感受。蓝色、绿色、紫色等带有冷感的色彩归类为冷色，冷色系则让人产生收缩、后退的视觉感受。在色相环中可以直接划分出冷色、暖色两个区域（如图5-7）。其中最温暖的色彩被认为是黄色，蓝色则是最冷的色彩。在无彩色系中，黑色、白色、灰

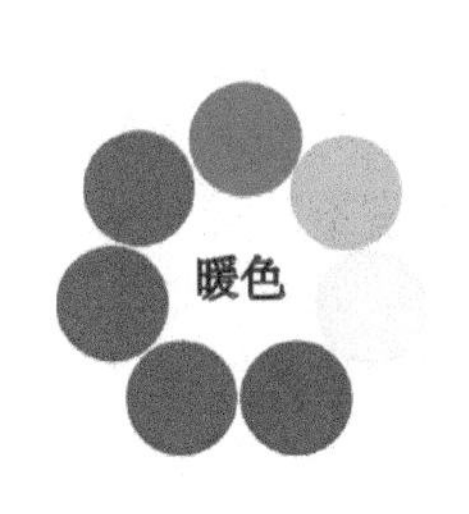

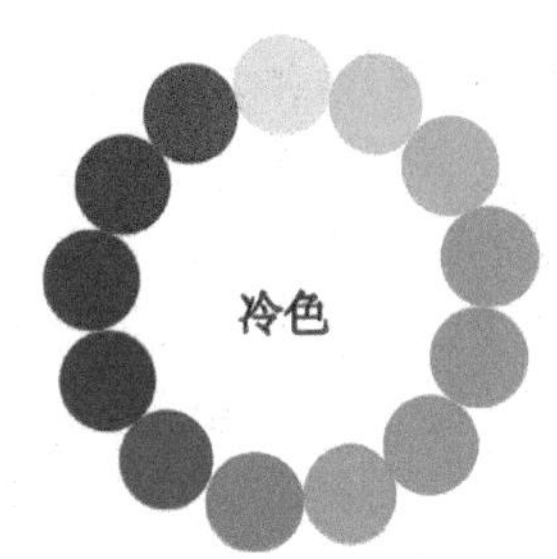

图5-7　冷暖色图

色、金色、银色为中性色，无明显的色彩冷暖感。在具体的服装陈列中，夏季服装的色彩陈列冷色系相对较多，给消费者营造凉爽清逸的陈列氛围，秋冬季则暖色系色彩陈列较多，给消费者营造暖和舒适的陈列氛围（如图5-8～图5-11）。

当然，对色彩非常丰富的服装品牌进行陈列时，为了较好地展现品牌服装各品类的色彩，通常会在同组陈列中运用冷色、暖色间隔陈列的方式，能够形成较强的色彩对比效果（如图5-12）。

图5-8　暖色系橱窗陈列

图5-9　暖色系服装陈列

图5-10　冷色系服装陈列1

图5-11　冷色系服装陈列2

图5-12　冷暖色间隔陈列

二、稳定感与层次感

人们对色彩有敏锐的洞察力，稳定的色彩感觉能使卖场呈现宁静的氛围，延长顾客停留的时间，让人安心选购服装。尤其是男装品牌的色彩对陈列空间的整体性、秩序性、节奏性要求最高，过于花哨的色彩会给消费者造成视觉紊乱，反而会影响品牌服装的销售。要赢得消费者的青睐，必须针对不同的情况调和好整个陈列空间的色彩。但是整个卖场都采用相对单一的色彩组合极容易造成消费者对色彩产生疲劳感或者注意力分散。可以通过间隔法的排列方式或者对比色搭配进行部分点缀，来营造出成熟庄重而不缺乏层次感的效果。当明度差别比较大的服装进行陈列，正挂时明度高的服装放在最前面，明度低的置于最后面；侧挂时明度变化为左深右浅或右深左浅；叠放时明度变化上浅下深。根据陈列形式和明度变化的特点陈列服装，既突出展示服装的色彩特点，又增加稳定感和层次感。如图5-13，Alberta Ferretti服装店铺的设计极为简约，自然采光的运用增加了店铺陈列的空间感和延伸性，陈列背景以及道具均为无彩色系，服装的色彩也以无彩色系为主，配以驼色、墨绿色、藏青色等明度或纯度低的有彩色系，陈列空间和服装的色调和谐统一，整体陈列色彩呈现稳定之感。当几种色彩的纯度很高，不易融合时，可采用无彩色系作为间隔色，以达到色彩调和、视觉平衡的效果。

三、节奏感与韵律感

单调乏味的陈列效果不能足够地吸引消费者的注意，要利用色彩的变化展现陈列色彩的节奏感与韵律感，提高消费者的兴趣和关注度。不同色相、明度、纯度的色彩按照一定秩序和规律排列，如利用服装色彩的渐变效果进行陈列形成有序的节奏感。利用丰富的色相变化陈列服装形成如彩虹似的浪漫效果，或将两组及以上的色彩进行重复间隔式配置形成极强的节奏感和韵律感（如图5-14）。在大面积艳丽的服装中，以深色系服装为间隔，使整体看上去层次丰富，产生一定的韵律感。

图5-13 Alberta Ferretti服装店铺陈列

图5-14 节奏感和韵律感强的叠装陈列

第三节 陈列设计色彩组合

作为最突出的视觉元素，陈列设计中的色彩属性是感性与理性的结合。不同的服装品牌每季推出的服装商品品类丰富、款式多样、色彩丰富，在陈列时涉及如何合理搭配各色各款的服装，如果随意将所有服装进行展示，杂乱无章的色彩配置直接影响卖场的视觉效果。合理地运用色彩的特性和情感，并按照一定的规律进行色彩陈列可以让消费者易于识别和挑选。服装品牌运用色彩组合配置时的差异性和灵活性，定期调整色彩陈列设计方案，改变陈列空间的形象以保持新鲜感。一般而言，每一季新品服装都会有一组主打色，以体现与流行趋势的关系，这是整个陈列空间的点睛之笔。因此要特别重视色彩的构图与搭配关系，可以通过正挂的方式以达到第一时间吸引消费者视线的目的。不同色彩组合可以产生不同的色彩印象，让人产生淡雅的、清新的、热烈的等感觉。在服装陈列设计中运用较多的色彩组合有同类色组合、补色组合、对比色组合，色彩的组合在明度、纯度、色相方面要过渡平稳，具有一定的韵律和节奏感。

一、同类色组合

同类色也称相似色，是指同一色相中的色彩变化所形成的相似色彩，具体指在24色相环上间隔15度的色彩。如普蓝、钴蓝、湖蓝等，这几种色彩在明度、纯度上有所变化，都属于蓝色色相。无论是两色或多色的服装陈列时，始终保持整体色彩的稳定感。根据同一色相存在的明度差别进行陈列。为了使同类色组合产生变化，在不影响色彩整体性的前提下，可增加一点对比色或补色，色彩印象更强烈。有时服装品牌为突出某个系列的服装，会采用一组相同的色彩、款式相似的服装进行陈列，给消费者带来系列感很强的印象，突出服装的优良品质（如图5-15 ~图5-17）。

图5-15 同类色组合1

图5-16 同类色组合2

图5-17 同类色组合3

二、类似色组合

类似色与同类色一样，各色之间有共同的色素，在24色相环上间隔30 ~ 45度之间的几组色彩为类似色，如红色－橙红色。类似色的搭配方式给人的感觉是平和、雅致，既有同类色组合的安静、温和，又在明度和纯度上有着一定的变化，增添了色彩层次的对比感（如图5-18、图5-19）。在运用的过程中仍要注意色彩明度与纯度之间的平衡感与节奏感，可以增加小面积的对比色来丰富陈列的视觉效果。

图5-18 类似色组合1

图5-19 类似色组合2

三、对比色组合

在24色相环上间隔120 ~ 170度之间的几组色彩称为对比色，如黄色和紫色、红色与蓝色、橙色与绿色。对比色具有鲜明、饱和、跳跃、醒目的感觉。在服装陈列中对比强烈的视觉效果能产生新奇的陈列形象。但由于个性特征明显也会有不协调的、过分刺激的感觉，造成视觉紊乱。因此可以通过以下配色技巧，达到一定的形式美感：利用面积的比例关系达到调和，确定主次色彩面积的配置，从而减弱对比的强烈关系。避免两色同明度或者同纯度的放置，对于明度可采用一高一低，纯度可采用一明一暗；或者利用隔离色的分割进行协调。在对比色中以无彩色系或中性色进行隔离排列可以弱化对比的强度，在矛盾中寻求美感，维持色彩的统一性（如图5-20～图5-22）。

图5-20　对比色陈列组合1

图5-21　对比色陈列组合2

图5-22　对比色陈列组合3

四、互补色组合

另外，补色组合的运用也会形成明显的对比效果。补色指两个在色轮上完全相反的颜色，在色相环上相距180度。如红色和绿色、橙色与蓝色互为补色。为了调和色彩，补色组合也常加入其他过渡色，相对弱化反差。

第四节　陈列色彩设计手法

客观意义上说，色彩本身并没有美与丑之分，人们对于色彩做出的种种评价与判断更多地依赖于人的主观感受，并不能代表色彩本身存在着怎样的优势或者缺陷。但是当两种或者两种以上的颜色搭配在一起时，色彩之间的关系就会出现矛盾或者平衡，如何才能使色彩在服装陈列中呈现出赏心悦目的效果，赢得终极消费市场的认同，就成为检验设计师成功与失败的标准。在服装陈列中，不同品牌的市场定位和产品品类不同，其产品的色彩设计较丰富，横向色彩设计和纵向色彩设计。陈列空间中色彩的运用，还要考虑符合时间、产品、店面形象、消费者喜好，陈列的色调应与品牌品质和风格一致，要具有个性，进行规划时，陈列色彩设计手法主要有以下几个方面。

一、间隔式色彩陈列

间隔式色彩陈列是指将两种及两种以上色彩的服装进行交替陈列。这种方法灵活而多变，

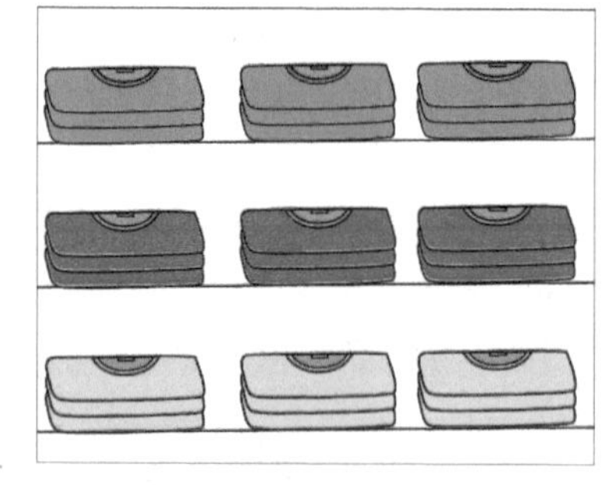

图5-23 叠装间隔陈列色彩图

能产生与众不同的视觉效果和独特的审美情趣，在色彩陈列设计手法中运用最为广泛，适用于不同风格、不同类型的服装，一般根据品牌的风格和服装色彩设计的特点进行组合变化。间隔式色彩陈列方法融入到叠式陈列和挂式陈列会形成不同的视觉效果。

叠式陈列的服装只能看到款式的局部，主要根据色彩的变化进行陈列。利用双色、三色的变化，形成横向、纵向间隔色彩组合（如图5-23）。运用冷暖色间隔排列也是较为常见的色彩组合方法，鲜艳亮丽的色彩更易吸引消费者的注意力（如图5-20）。

在挂式陈列中，间隔式色彩陈列的影响因素更多，包括服装的色彩、厚薄、长短、图案等内容，每组采用的色彩数量及间隔件数的变化也会影响整体色彩变化的视觉效果。采用间隔式色彩陈列对色彩变化多样的服装是最佳的设计手法，不论是对比色、补色经过适当调配都能形成稳定感和律动感，使卖场的整体色彩富于变化（如图5-24）。一般情况下，服装根据不同的品类进行分类，然后根据款式和色彩的特点进行陈列。同款同色服装可挂2～4件（如图5-25）。当然也有一些高档服装品牌每款服装只陈列一件。不同款式、色彩、长短的服装采用侧挂的方式进行陈列，通过间隔色彩、长短变化呈现韵律感（如图5-26）。在运用时要避免采用同明度或者同纯度的并置组合，易造成色彩混乱影响整体的视觉效果。使整个卖场充满生气，引导消费的审美情操，进而产生购买行为。

图5-24 间隔陈列1

图5-25 间隔陈列2

图5-26 间隔陈列3

二、渐变式色彩陈列

渐变式色彩陈列适用于款式设计相对简约，色系变化丰富的品牌陈列，如商务休闲男装、职业女装等。通常情况下，人们倾向于追求稳定的色彩视觉感受。因此，要保持色彩的稳定性，可以根据服装的色彩由暗到明、或由浅到深进行陈列。总之，运用色彩原理中明度、纯度的变化进行渐变色彩陈列，还能形成较强的规律性和节奏感。在实际运用中的具体形式有以下几个方面。

上浅下深：货柜层次较多时，叠式陈列可以自上而下按照明度高的色彩在上一格，明度低的色彩放下一格。这种方式也适用于人模陈列，运用上浅下深的方式，使整个陈列服装在视觉上有稳定感（如图5-27、图5-28）。有时为了增加与众不同的律动感，也可以采用上深下浅的方式打破这种常见而稳定的陈列效果。

左深右浅或右浅左深：品牌一旦建立了统一的卖场或店铺陈列规范，就可根据需要采用任何一种方式进行陈列。这种排列方式在侧挂陈列中广泛采用，在同一组货架上，将色彩深浅不同的服装按照明度的变化有序地按左深右浅或右浅左深的方式进行排列，在视觉上产生井然有序的感觉，色彩排列有很强的秩序感和节奏感（如图5-29～图5-31）。

图5-27　渐变式叠装色彩陈列1

图5-28　渐变式叠装色彩陈列2

图5-29　渐变式色彩陈列1

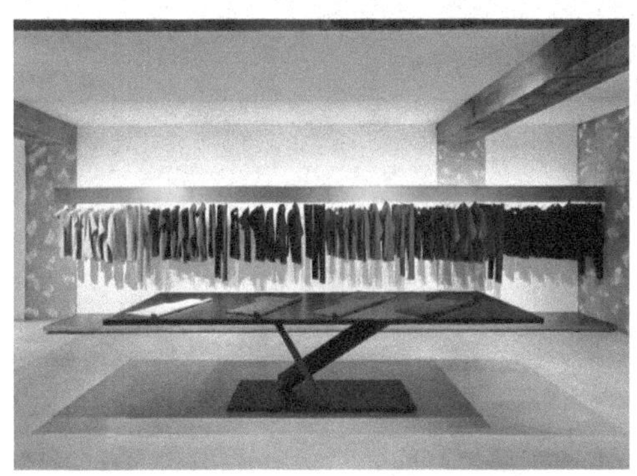

图5-30　渐变式色彩陈列2

图5-31　渐变式色彩陈列3

前浅后深：在对整个服装店铺或卖场进行陈列时，要充分考虑色彩具有这样的基本规律和情感特性，服装色彩明度的高低，令人产生亲近感和厚重感，纯度高的色彩与纯度低的色彩相比，更具吸引力，能让人产生眼前一亮的感觉。因此可以在服装店铺或卖场前部放色彩明度高或纯度高的服装，明度低或纯度低的服装放在后面，增加陈列环境的空间感。服装正挂时也可以浅色在前，深色在后（如图5-32）。

图5-32　渐变式色彩陈列4

三、彩虹式色彩陈列

彩虹是雨后太阳光波被折射后形成的光学现象，在天空上产生拱形的七彩光谱。这七彩指的是红、橙、黄、绿、青、蓝、紫，虽然色彩纯度较高，在日常生活中所见到的这种组合色彩让人感觉绚烂而不艳，华丽而不浮躁，有种莫名的亲切感（如图5-33）。

彩虹式色彩陈列正是运用这种配色组合将服装进行有序排列，整体的组合形式如同彩虹一样的美感。色彩的丰富性决定了在排列的形式装饰性上有较强的规律感，这种组合方式无论是在色彩的选择、组合方式、面积的大小等各方面给设计师提供了无限的塑造可能性，能够表达出不同的设计主题和设计风格，给陈列装饰空间以丰富的形象创意（如图5-34～图5-37）。彩虹排列法适用于色彩比较丰富的童装、运动装、休闲装等服装，另外在领带、丝巾等服饰品中也有较多的应用。根据色彩彩虹变化的方法配置服装组合，要注意明度、纯度的层次感。还要注意与室内环境的协调，不宜与周围的墙面、地面、家具、顶棚等装饰陈列相背离，产生不和谐的平衡或对比，否则就会失去服装陈列的实际价值。

图5-33 彩虹色的储物柜设计

图5-34 彩虹式色彩陈列1

图5-35 彩虹式色彩陈列2

图5-36 彩虹式色彩陈列3

图5-37 彩虹式色彩陈列4

第六章 服装陈列的橱窗设计 6

第一节 橱窗设计概述及其发展现状

一、橱窗设计的基本概念

韩阳在《卖场陈列设计》一书中说道：橱窗是传播品牌文化和销售信息的载体，促销是橱窗设计最主要的目的。后来廖维在《店面橱窗设计》一书中又提出：橱窗设计是一门综合性艺术，它是集造型和色彩于一身的商业文化的表现，这种表现具有一定的艺术价值同时，毛春义的《服装展示》中对服装展示设计给出诠释：服装展示设计是服装学科构成体系中的一部分，服装展示设计的目的并非展示本身，而是运用空间规划、平面布置、灯光、色彩配置等设计手段营造一个富有艺术感染力和个性的展示环境。那么，集合以上对橱窗、服装展示的阐述，可以得出服装橱窗设计就是通过对传播服装品牌文化和销售信息的载体进行集造型和色彩于一身的店面空间规划，这种规划是在有限的空间里表现无限的品牌内涵。因为这里橱窗的“窗”有两种含义：一种是为适应某种商业需要而给商品展示提供的空间，这个空间是消费者肉眼可直接接触到的，可看到具体的商品形态，包括它们的价格、色彩、材质等；另一种是给品牌文化提供具象化的一种形式，通过这种形式能传递实物间的相互关系，这种关系既有商家通过商品向消费者的输导关系，也有消费者通过产品展示对商家产生的定位关系。这时的“窗”是消费者和商家交流的平台，两种关系都是以“橱窗”这个媒介为依托。所以服装橱窗设计不仅是一种设计技巧的体现，也是一种生活态度和生活方式的体现。

到纽约、巴黎、伦敦等时尚之都去旅游，探访时尚店橱窗一定是行程中不可或缺的一环。精致唯美、天马行空的橱窗陈设已经成为城市里一道独特的风景线，每一处布置精美的橱窗，都凝结着从橱窗设计师到整个创意团队的智慧，结合了时尚、艺术与科技的力量。如图6-1中位于纽约的波道夫·古德曼（Bergdorf Goodman）橱窗设计，运用火热的岩石来衬托服装的素净高雅。顶光的照明突出着装模特的视觉焦点。如图6-2中高级男装及鞋履品牌伯鲁提（Berluti）旗下的门店。为了庆祝蝙蝠侠诞生75周年纪念，华纳兄弟消费品部门与DC Entertainment携手推出一系列的庆祝活动，将这位黑夜武士的侠气带到世界各个角落从美国到迪拜再到中国的橱窗上都会换上蝙蝠侠和超人这两大DC漫画超级英雄的身影，配合着伯鲁提（Berluti）的完美造型，向英雄们致敬。

图6-1 纽约 波道夫·古德曼（Bergdorf Goodman）橱窗设计

图6-2 蝙蝠侠与超人两大DC超级英雄现身于伯鲁提（Berluti）精品店橱窗

服装橱窗设计不仅是一种设计技巧的体现，也是一种生活态度和生活方式的体现。橱窗设计作为视觉营销的一大主体，对建立品牌特性具有推波助澜的作用。在消费者心思越来越难以琢磨的时候，视觉营销不失为人们的即兴购买提供了可能，橱窗作为零售终端的门面，其作用更是显而易见。

二、国内外服装橱窗设计的发展

欧洲服装店铺陈列的发展共经历了四个重要的阶段。第一阶段发展的主要动因是18世纪末技工行业协会的逐渐消失，使得生产地点同销售地点分割开来。在这之前产品生产地点和销售是在一起的，各生产商的销售摊点都是直接摆在街边的。第二阶段为19世纪中期，由于英国产业革命和技术的革新，易货形式彻底进化成商品经营，这在功能和空间上极大改进了原有销售模式。利用临街的墙面向店外的行人展示商品的橱窗出现了，店铺橱窗起到了把商品售货区和街道分开的作用。第三阶段为20世纪中期，随着建筑材料的不断更新，店铺销售空间和橱窗展示呈现出更加大规模和更具梦幻色彩的发展趋势。到二战后，伴随社会变革，橱窗展示设计的发展进入第四阶段，由于工业化的高速发展，西方国家产品得到极大的丰富，商店不仅仅是销售点，更是成为商品销售终端的一种语言，充当着联系消费者和商家之间的媒介。

在中国，最早的商业橱窗展示兴起于1927年前后的上海，随后逐步在沿海地区发展起来。改革开放以来，随着商业体制改革的深入和消费观念的转变，西方经营体制的不断冲击，国内服装经营模式和卖场发生改变，使得橱窗展示受到重视。20世纪80年代至90年代，受到西方服饰文化的强烈冲击，服装橱窗的展示也随着模仿西方经营模式的改变而改变，开始在卖场的橱窗内大量地陈列商品，尽可能地将各种规格商品和样式齐全地展现在顾客的视线内。所以这个时候的橱窗共有的最大特点就是饱满，以显示物品的丰富，对于那个物资匮乏的时代这种展示方式是具有吸引力的。到了20世纪90年代中后期，物资的丰富使得消费者的消费行为发生改变，开始对商品进行了分层和分类，通常会倾向于挑选适合自己层次需要的商品，卖场的形象也逐渐趋于完善，对橱窗展示的要求也发生了变化，不再以饱满齐全为主。发展到现在，这种消费品的分层日趋细分化、风格化。所以，当服装终端卖场逐步发展和成熟时，服装橱窗也在不断地探索着前进。

当国内旺盛的消费需求日益增长时，许多服装企业从初始的单品大批量加工、批发销售的生产经营模式中脱离出来，大力发展自有品牌。探索小批量、多品种、系列化开发的服装品牌

设计创新之路，以特许加盟或自营的形式建立自己的分销系统，在大型百货商场或著名商业街开设品牌专卖店或品牌店中店。这时，为了能把服装企业的文化、品牌的风格定位、服装系列的设计理念以及产品细节充分呈现在消费者面前，成功完成终端零售环节并实现服装产品的价值，卖场的陈列设计就显得尤为重要。发展至今，橱窗展示作为卖场终端的导入空间部分，在商品和消费者的不断细分的背景下为消费行为起着重要的导向作用。

近年来中国橱窗展示业不断受到新的挑战，国内各种服装知名品牌纷纷效仿国外大牌的橱窗设计，其中有利也有弊："利"是因为可以从国际品牌的视觉营销中学到很多我们以前没有的技巧，这些技巧可以为自己的品牌增色，毕竟国外在视觉营销方面的研究比我们起步早；"弊"是因为很多品牌只知一味地模仿，却忽视了自己品牌的视觉卖点，往往"形似而神不似"。由于忽略了对其深层营销内涵的理解，不能到达消费者的深层需求，所以才会空洞无物。因此，我们必须改变单纯展示商品的形式，进入有故事可叙述的，能打动人们情感要素的橱窗展示策略；要从设计思维着手，解决这一存在现象，为橱窗展示设计的健康发展找到科学系统的方法论。而一些中国服装企业也的确开始这样的探索了。自1995年开始，歌莉娅总是带着对世界的好奇，向一个又一个未知出发。歌莉娅相信的"旅行就是生活"不仅是指真正的旅游，而是代表着一种开怀正面、乐意接受新事物，渴求新体验的生活态度。他们也开始从陈列上重新定位自己力求成为国内高端的时尚女装品牌。2002年起，歌莉娅作为国内首个走出国门的少淑女装品牌，带着将最好与人分享的精神，每一季始终坚持组织专业国际化团队，远赴不同国家实地实景拍摄，通过环球发现采撷灵感，将时尚潮流与各地文化融合，创作出时尚、柔美而又具气质的女性服饰。歌莉娅从环球发现中不停地发现与分享，开辟了行业内独树一帜的崭新路向：在行走中发现世界之美，以环球发现传达品牌文化，"发现"成为品牌的支柱。图6-3中歌莉娅（GOELIA）全新的店铺形象及整体布局都秉承着品牌的"发现"精神，并通过歌莉娅的"眼睛"，带领顾客从不同的角度及观点感受世界，为她们营造了优质、舒适的购物环境与多元化的购物选择。店铺贯彻品牌的性格：时尚+柔美+自然，将鲜花、植物、产品与环境的有机结合。强调知性美和提倡高品位但不奢华的生活，形象鲜明、简洁时尚；仿水滴的吊灯、货架自然的造型、独有的花地砖等等有机的结合，处处强调歌莉娅的知性及包容性、增加想象空间及品牌独有的文化气息。

图6-3　歌莉娅以鲜花做橱窗衬托优雅精致的服饰

三、国内外橱窗设计的比较

国内外优秀服装品牌的共同点：都具有了一定的市场占有率，并且已经在消费者眼里建立了一定的品牌形象，这些形象帮助品牌获得消费者的认可并得以延续。但是在塑造品牌形象方面的研究，国外明显早于国内，直接导致了那些国外的优秀服装品牌更具有市场竞争力，使得他们的品牌文化渗透到目标消费群，对消费者造成了根深蒂固的影响。这些差异体现在以下几点。

1. 设计定位的诠释

橱窗除了承载推销商品的功能外，还能传递特定的文化含义。优秀的服装品牌在橱窗设计前都必须有一个明确的定位分析，这种分析是帮助设计师们建立设计重点，预期设计效果。国外优秀品牌都在服装展示定位上做了大量的准备工作，关注到每一个设计细节，用细节征服消费者。

2. 展示的主题性

随着人们生活的不断丰富，很多时候需要在纷繁复杂的世界里得到一种启示，这种启示可以帮助我们寻找自己想要的信息，从而方便摒弃不需要的信息，服装橱窗也一样。就像很多有童话故事背景的玩具，橱窗也有自己想要表达的故事，主题性的橱窗就很好地展现了这一点，通过主题唤起消费对象的所需。

3. 创意道具的应用

在橱窗设计中，除了主体产品外，道具的重要性是显而易见的，它具有辅助设计和烘托产品特质的功能，且有助于营造橱窗整体氛围，国外的一些大牌往往不惜花费重金打造展示的道具，依托它们创造震撼人心的效果，旨在给人们带来一场视觉风暴。

事实上，国内服装橱窗设计目前存在的问题是在视觉营销的探索过程中难以避免的，商品橱窗展示从早期的饱满感到现在努力追求自身的定位与风格已经跨出了一大步。这既是受到西方经营模式的影响，也是国内品牌追求国际化的必然历程。图6-4中是国内知名男装品牌雅戈尔位于杭州湖滨旗舰店的春节橱窗。整体是有喜庆元素，但是在用色上显得有点沉重，整体色彩搭配不够统一，尤其是对道具的创意使用不够。而在图6-5中巴尼斯纽约精品店（Barneys New York）此前就为型男绅士推出了一系列“橱窗特辑”。

图6-4 雅戈尔男装旗舰店的春节橱窗展示

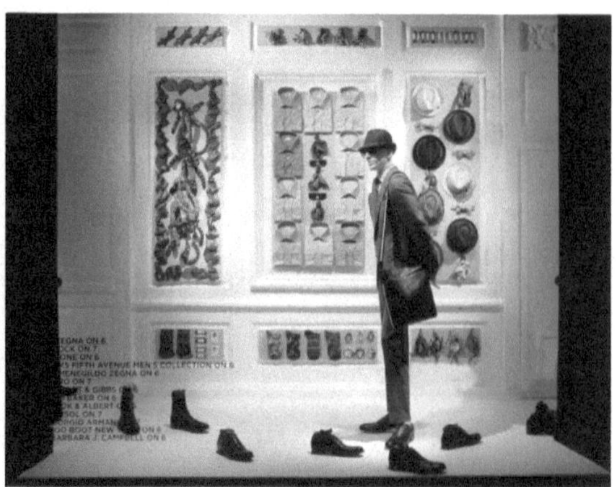

图6-5 巴尼斯纽约精品店为型男绅士推出了一系列“橱窗特辑”

衬衫、领结、牛津鞋等型男必备的单品变成背景图案装点着白色空间，轮廓和颜色协调搭配，带来舒适养眼的视觉效果。同样是用衬衣作为装饰背景使用，但是明显国外在配色上更显品味，相关的服饰配件也能很好的衬托男士的休闲和优雅感。由以上两个例子可以看出，国内外橱窗设计存在发展阶段方面的差异，设计水平、思维方式的差异，这种差异还来自于零售体制、产业结构。国外很多橱窗的展示是以百货商店的运营模式进行展示和推销，他们具有高度的统一性和操作性。有相应的主题，并且很善于与专业的艺术家、设计团队进行跨行业的合作，往往能带来出其不意的效果，也使得橱窗展示显现出多元化的特点。而这样的合作使得作为销售手段的橱窗本身的商业氛围变得不再那么张扬转而柔和了艺术氛围，成为游走于艺术和商业之间的一种丰富语言。通过一系列的分析比较，我们发现优秀的橱窗设计往往有以下特质。在设计团队的架构方面采用内部与外聘相结合的方式；橱窗主题更新频率，如目前主流的橱窗设计往往采用每月一个应季主题的呈现；主题的明确性与关联度，如以对一些时髦社会问题的反思为主线做延续性的设计，每一期设计有时仿佛是上一期橱窗设计的续集；买手制与商品风格的统一性，统一主题的产品呈现与产品的丰富性保证了橱窗的风格统一；强调展示的艺术高度，对AIDMA[1]更高层次的把握，抓住消费者的猎奇心理，事实上艺术家的跨界执导橱窗设计已不是什么新鲜事了。发展至今，橱窗展示作为卖场终端的导入空间部分，在商品和消费者的不断细分的产业背景下起到重要的导向作用。

第二节　服装橱窗的类型与特性

一、店铺类型与橱窗类别

橱窗的尺寸直接影响最终的效果，在商业街几乎找不到相同尺寸和形状的橱窗。商店的橱窗形式各异，最常见的有封闭式、半封闭式和通透式橱窗。事实上，更重要的是店铺本身所在的地理位置直接决定了橱窗的展示条件和设计基础。如沿街橱窗或转角橱窗。封闭式橱窗背后装有壁板与卖场完全隔开，形成单独空间的橱窗成为“封闭式橱窗”，这种橱窗是最常见的类别形式。在这种形势下的橱窗更方便操作和呈现设计师天马行空的创意设计，也是很多百货商店钟爱的形式。如图6-6来自WindowsWear的时尚店橱窗摄影，梅西百货（Macy's）的封闭式橱窗，

图6-6　梅西百货商店的橱窗

[1] AIDMA，即AIDMA法则，1898年由美国广告学家E. S. 刘易斯最先提出。AIDMA法则含义为：A（Attention）引起注意，I（Interest）产生兴趣，D（Desire）培养欲望，M（Memory）形成记忆，A（Action）促成形动。

背景板全部使用各种车牌作为装饰成本既低又富有创意。

半封闭式橱窗——后背与店堂采用半通透形式的称为“半封闭式橱窗”。这种橱窗空间分割的形式很多。通常橱窗与卖场之间有半透明物件（如广告画、纱类织物、网型材料、磨砂玻璃等）相隔，使得橱窗空间相对独立，既有较大的空间感觉，又不会减弱橱窗空间自身的视觉引力，当然现实中起到隔挡作用的已经不仅仅局限于这些了。该类橱窗的设计有一种“借景”的艺术效果，既可借助内部的陈列装修设计来吸引顾客的眼球，又能突出外空间的层次感。其特点如下。

（1）方便、快捷，可以随着季节进行交更，能够非常及时地将信息传达给顾客。

（2）能够很好地兼顾橱窗展示和店铺的整体展示，使用范围较广，实施方法灵活多样，并且背景制作相对灵活。跟店内的商品能够互相呼应可以让消费者有一定的想象空间和观察空间。如图6-7中迦达上海高岛屋精品店是意大利奢侈品牌迦达（Giada）继上海久光、上海华润时代后在上海开设的第三家精品店。全面升级的店面形象和简约大气的店内设计，配合强大的春夏新品阵容，将女性的极简主义演绎到极致，让人仿佛置身于意大利的时尚天堂。

通透式橱窗又叫开放式橱窗，是指橱窗背后及两侧没有挡板或其他物体分隔，与卖场的空间相通，联成一体，人们可以透过橱窗将店内情况尽收眼底。通透式橱窗的最大特点就是给消费者足够的亲和力，让消费者有近距离触摸产品的感觉，也能观看到店内的场景。在设计上，通透式橱窗具有两面性。

（1）设计难度大。要求店面与橱窗无论在色彩、结构还是货品展示方面都能形成统一完美的画面。

（2）简单易行。整个橱窗设计基于店铺，无需用其他物品进行过多修饰。

如图6-8中亚历山大·麦昆（Alexander McQueen）东京首家旗舰店。亚历山大·麦昆日本旗舰店首次进驻东京。东京店内装修独具特色，夸张的大理石台阶和做旧的黄铜陈列架使得店内陈列彰显奢华感和品牌精神。390平方米东京旗舰店是由亚历山大·麦昆设计总监莎拉·伯顿（Sarah Burton）联合David Collins工作室设计共同设计完成的。这家旗舰店的橱窗

图6-7　意大利迦达专属的半封闭式橱窗

图6-8　位于东京的亚历山大·麦昆首家旗舰店

是通透式的，可以从明净的玻璃看到店内整个装修和陈列的环境，一楼橱窗模特的身后就是包包的展示货柜，店内商品一览无云。

二、服装橱窗设计的特性分析

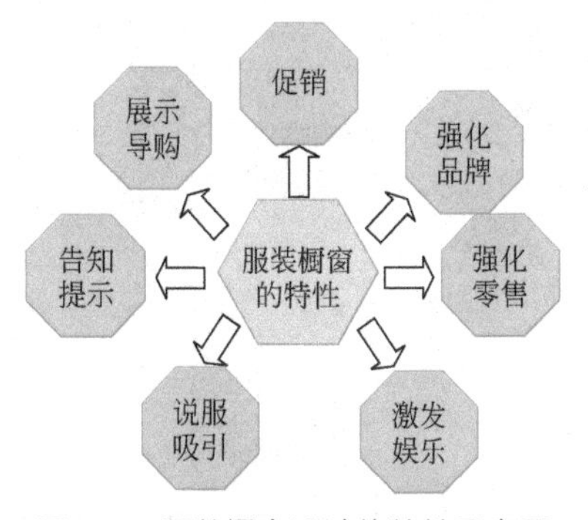

图6-9　服装橱窗设计的特性示意图

服装橱窗在卖场空间中具有两种特性：第一种是商业特性，即要达到一定的商业目的；第二种是艺术特性，即需要有一定娱乐和创意色彩，这既是为了吸引消费者的视线，也是为了满足一些消费者的情感需求。服装橱窗的这两种特性具体说来有以下几种作用（见图6-9）。

（1）促销。促销是服装橱窗展示最终的目的，希望能通过橱窗展示这个导入空间，架接商家和消费者的共同消费意识，从而激发消费者的购买欲，引发进店购买的新商机。

（2）展示与导购。服装橱窗往往会展示出本季的主推系列或新款商品、畅销产品，同时搭配相应的服饰配件，这既是一种商品的立体展现，也是一种静态的导购方式。

（3）告知与提示。以橱窗展示的方式告知消费者当季的新款、流行色与搭配方式，并提示消费者打折或销售活动的相关信息。

（4）说服与吸引。这里的说服主要是视觉上的吸引和触发情感上的冲动。怎样使自己的商品在橱窗这种外部空间上以静态的方式来说服消费者一直是各品牌商家力求实现的目标。

（5）激发与娱乐。这一作用主要建立在橱窗展示的艺术特性上，运用创意性的设计和独特的视觉效果，不仅美化了消费者的视觉也愉悦了消费者的内心。

（6）强化成功的零售战略。商品千差万别，商店也各不相同。超级市场大多考虑消费者的功能性诉求，奢侈品零售商考虑更多的应该是营造合适的空间氛围。

（7）强化品牌形象。橱窗是商店建筑的一部分，精心布置的橱窗陈列不仅能把购物者引入店内，还更直观地传递给消费者零售商的品牌形象。

如何将这几种作用发挥得淋漓尽致，就需要对橱窗做出设计前的定位，想要告知消费者何种信息，需要激发消费者怎样的共鸣，这些不仅仅要依赖于设计者的个人艺术修养，也需要了解消费者想法的，他们最想要看到什么，最需要哪种情感上的震撼力。服装橱窗不仅是一种商品的宣传，也是一种品牌文化的宣传，成功的服装橱窗设计更是一次商业与艺术的平衡。

第三节　橱窗设计的思维方式

一、服装橱窗设计的要素分析

1. 历史要素

橱窗展示设计对产品文化内涵的反复挖掘不断突破消费者对品牌认知的极限。特别是各奢侈品品牌迈年来纷纷以文化和历史延承为命题进行橱窗展示设计。值得奢侈品向世人炫耀的核心价值是品牌拥有的独一无二的显赫身世，产品可以模仿，历史却无法翻版，奢侈品的历史价

图6-10 知名的东京爱马仕的聪明橱窗设置了一组动态的展示装置

值一直成为人们津津乐道的话题。各奢侈品牌更是通过艺术展览的形式，从文化角度诠释品牌的历史渊源，以达到传播品牌文化的效果。如今，大众已不满足于基本生活商品的需求，迫切渴望拥有更加精致、奢华的高端商品，以及由此所带来的满足感，甚至以艺术品的价值标准对其进行衡量。此时这种物质与精神、商品与艺术品的交换公式需求应运而生。奢侈品牌通过举办品牌艺术展的形式来拓展品牌形象，从而使商品成为艺术品，从商店环境转移到展览当中。近年，“文化香奈儿”艺术展、卡地亚珍宝艺术展、“缝制时间”——爱马仕皮具展、2013年的上海当代艺术馆的“Eeprit Dior”迪奥精神回顾展等。无不在回顾品牌发展历程的同时，通过历史要素体现各奢侈品牌历经时间考验的稳定价值和贵族血统，从文化层面为品牌增值，从而提升品牌的溢价能力。以爱马仕为例，爱马仕开创了橱窗艺术。爱马仕的橱窗设计起源于20世纪20年代末。当众多品牌倾向于“单纯”、“直接”的方式，在橱窗摆设商品的时代，爱马仕发现了一种更能引人入胜的方式来设计橱窗。橱窗成了一个“舞台”，成了艺术家表现的一个媒介，许多的道具搭配着商品，就像是一出出的独幕剧，一直不停的魅幻着爱马仕的橱窗。至此，它开启了商业橱窗的艺术时代，许多大品牌因此争相仿效。爱马仕每年两次会推出其品牌刊物，内部除了放置商品信息外，也有大半的篇章是在介绍文学、文化、传统、艺术活动。巧妙无痕的将这些和品牌做联结，是这本刊物的可观之处，它使阅览者在观览的过程中，逐渐理解并认同品牌的核心价值。对精致文化艺术和生活美学的追求，使我们也有了解另一文化版块的渠道。图6-10是知名的东京爱马仕的聪明橱窗，东京爱马仕店的新橱窗为展示丝巾的轻盈，设置了一组动态的展示装置：一条丝巾悬挂在橱窗中，背后是一个动画屏幕，画中美女注视着丝巾，时而抿嘴轻笑，时而嘟起嘴吹吹气，有趣的是，当美女吹气的时候，丝巾就会与美女的动作同步被风吹动，盈盈飘起。从爱马仕的橱窗可以看出他们一直注重宣传自身品牌的文化，意在不断地像消费者传送者品牌内涵从而巩固和吸引一批忠实的客户群体。

2. 产品要素

我们看到一些顶级奢侈品往往会以产品本身无懈可击的工艺和稀有材质为亮点直接作为陈列的主题，仅仅突出产品的某一细节、一项失传手艺、稀有材料或某种专有的工艺就成为征服消费者感官和心理的利器。2010年LVMH与爱玛仕收购与反收购之争闹得沸沸扬扬，而争夺本身正是对爱玛仕产品让消费者愿意为BIRKIN手袋等待六年之久的价值的认可。奢侈品对产品品质永无止境的追求反映了其超群的艺术价值，同时产品本身的魅力也成为展示的主题和品牌价值传递的媒介。如图6-11中设计师Fotis Evans为爱马仕纽约概念店设计了前卫的橱窗，这个设计一反精品店橱窗的“常规”，没有去凸显强调产品功能，而是把爱马仕的单品当做创作素材，堆叠出一个个简化变形的抽象雕塑。玻璃橱窗中的小小天地，霎时间成为了成为视觉冲击力十足的艺术舞台。不难看出设计师就是在强调爱马仕的精致产品。

图6-11　Fotis Evans的抽象橱窗设计

3. 技术要素

回顾橱窗发展的历史，贯穿着伴随技术进步引发思维方式的突破，进而更新橱窗展示设计的面貌。二战后大规格玻璃的应用与橱窗设计的发展关系密切，直接导致零售模式的变化和展示方式的转变。而今，每一次技术的变革都带来对视觉极限的挑战。如图6-12所示Zoe Bradley设计的Kate’s Paperie橱窗装饰。Zoe Bradley是一个将纸材运用的淋漓尽致的设计师，她设计的华丽纸材服装带有一种强烈的层次感。她的橱窗设计更是创意十足，美轮美奂。随着纸质材料的丰富，带给Zoe Bradley的是更多的创意空间，将大众熟悉的纸张变成各种精美的纸质艺术品，也只有像Zoe Bradley这样的“魔术师之手”才有可能做到。纸质技术在橱窗展示中的作用也变得尤为重要。

图6-12　Zoe Bradley设计的Kate's Paperie橱窗装饰

4. 系统思维要素

笔者在这里提出的系统思维要素包括两方面的内容。首先是对于商业运作模式的思考，我们在进行奢侈品服装的橱窗设计时对品牌定位、产品风格、成列主题、售点促销、售后服务等诸多环节进行系统思考。优质的奢侈品橱窗设计创作背后是多方面的平衡与配合。首先是完善的商业运作模式保证了商品主题、展示主题、各传播要素布局的合理性与一致性。其二是在视觉企划部的统筹运作下，采用设计师轮换制，或与各领域艺术家的跨界合作，在保证每期设计新鲜度的同时具备了事件性传播的条件，从而扩大了展示设计的影响力，保证了每期设计的新鲜度。如LV伦敦旗舰店开幕，建筑师参与设计增加了品牌橱窗设计的艺术家价值，同时具有新闻价值。其三，优秀的橱窗设计应该是艺术与商业的平衡，在把握艺术性的同时，对材料和施工环节的把握也必不可少。一个好的橱窗设计师需要综合衡量创意、材料的可实现性、定位的准确性、信息传递的有效性、目标消费者的生活形态和审美水平、设计的推广难度和工艺的复杂程度等多方面因素。

图6-13　Shona Heath为迈宝瑞打造的橱窗

5. 体验要素

对体验要素的关注反映了当前服装消费者对个体尊重、个性表达、差异性化体验价值等方面的诉求。这些诉求可以是源远流长的，也可以是时下消费者最为关注的文化和社会现象。品牌之所以要加强体验式的橱窗展示就是希望能增加自身的亲和力，以最快或最体贴的方式获得消费者的认可，从而让消费者对该品牌有更深刻的认知。图6-13中庆祝圣诞假日，迈宝瑞（Mulberry）已经提前在英国哈罗德（Harrods）百货推出了华美梦幻的店铺橱窗，在街角献上一份美妙的冬日童话。这个美丽动人的场景由英国装置艺术大师Shona Heath打造，呈现了一个以Mulberry的起源——英式乡村美丽的冬日森林为灵感的童话梦境。迈宝瑞还特别邀请热门英剧《唐顿庄园》的演员来与消费者进行互动。

二、服装橱窗设计的定位

1. 产品文化内涵定位

服装既是人体的需求，也是时尚的产物。服装品牌通常都有自己的文化定位，也就是此品牌的服装是为谁设计，而这个“谁”又是属于社会哪一层面上的，他们的生活方式具有什么样的特点等，这些信息是构架一个服装品牌文化的基础。

橱窗展示设计的目的一般可以归纳为两点，一个是传播品牌文化；另一个是促进产品销售。服装橱窗设计作为品牌文化存在的一种形式，一个优秀的服装品牌应该通过橱窗向消费者传达自身的文化内涵，这种内涵将潜移默化的影响着消费者的消费心理，增强其品牌意识，进而直接影响销售。橱窗向来是品牌向消费者传达讯息的最直观展示，如图6-14中GIADA 2014秋冬最新橱窗陈列展示运用明暗层次微妙变化中的黑与灰，勾勒理性的光影线条，折射出现代女性的智慧与沉静；极简语言精心描摹下的线与面，玩味参差有致的几何美学，有如经纬世界的错落而有序。该品牌的服装定位本身也是事业女性或商业成功女性生活消费的品位，因此，在展示上也要突出表现这种类型女性的干练和时尚度。

2. 产品卖点定位

橱窗展示的最终目的是为了促进产品销售，它可以使静止的服装变成顾客关注的目标，尤其是对需要重点推荐的货品以及新上市的货品。产品是橱窗展示的主体，一切的设计与道具都是为了突出产品的卖点，利用视觉语言吸引顾客的目光，并引导其进入店内卖场。那么对于服装来说，产品卖点通常表现为两种：一种是因为宣传某种活动而打出的促销提示，这些在进行橱窗设计之前是要考虑到的。另一种是当季主推的时尚款式或者服饰配件，这其中包含着某一件单品或一系列产品。如图6-15中橱窗外观犹如一间宫殿的房间，背景墙和天花板的木质部分以丝质天鹅绒包覆，普拉达（Prada）店铺中传统的黑白大理石格子地板也以近乎抽象的方式相互辉映；以天鹅绒包覆的古董珠宝盒就镶嵌在这样的“Caveau du Temps”之内；而精致

图6-14　GIADA 2014秋冬最新橱窗陈列

图6-15　普拉达的早春橱窗

的天鹅绒珠宝盒中陈列的就是橱窗的主角——普拉达2012早春度假系。

3. 色彩体系定位

对于服装的橱窗展示设计而言，其色彩体系的拟定是必不可少的。色彩体系的定位一般依据两点：一是符合大环境下的要求，现在很多国家和城市对店面的门头和橱窗设计都有其严格的色彩体系规定，这样做的目的就是为了防止一些商家和设计者们只考虑自身利益而乱用色，从而破坏了整个商业环境的整体性；二是为了符合自己产品的风格以及突出这一季或这一年的流行色主题，以便加深消费者对自身产品的印象。

作为流行的产物，服装展示的色彩具有多样性、变化性、流行性几个特点。多样性：多形式、多色彩共存在于同一橱窗中是服装展示的特点之一。怎样在顾全整体性的情况下表现出产品的色彩多样性，也是在考验设计师对整个卖场色彩的控制和调配能力。变化性：服装是一种季节性比较强的产品，因季节和气候的变化更换频繁，特别是在两个季节交替的时期，卖场经常会出现两季服装并存的状态。这时就应该注意橱窗中变化性色彩衔接，潜移默化地表现出产品的更换。流行性：服装色彩的流行时时更新，这些信息需要设计师们随时追踪，不断从中发现新的流行色彩搭配方式，延伸色彩搭配的内涵。如图6-16中西班牙品牌罗威（Loewe）在全球各地的旗舰店2012年推出的圣诞橱窗。这些美丽的橱窗以18世纪西班牙的巴洛克油画为灵感，将Loewe圣诞季的精美礼品与古典油画中的“经典元素”组合搭配。在沉郁而浓重的色调下，柳条筐、无花果盘和面包悉数上场，而罗威的手袋、钱包和配饰小物则让整个构图更加丰富，奢侈皮具与古典旧物之间显露出了跨越时空的美学联系，同时散发出巴洛克风格静态油画的魅力。这组出场的色彩搭配在色彩的明度上也是虚实相衬，既可以让产品本身融入到静物组合中，又可以清晰地感

图6-16　西班牙品牌罗威2012年推出的圣诞橱窗

受到产品投射出的那种皮质上的奢华感和古典感。尤其是绿色包包的色彩起到画龙点睛的作用，虽然置于整体组合的后方却因为色彩搭配合理没有半点影响到产品的展示，完全不会造成展示死角的感觉或是被其他物体抢镜。

由于橱窗承担着促进销售和传播品牌文化的双重任务，一个成功的橱窗设计依赖于准确的品牌文化、产品、色彩的定位分析。目前国内橱窗暴露的弊端往往源自对这些定位的混淆。

三、服装橱窗设计的系统性

美国西北大学的唐·舒尔茨教授认为整合营销传播是一种关于如何针对将来和现在规划、发展和执行传播方案思维形成的方式。美国西北大学将整合营销（IMC，integrated marking communications）定义为协调许多传播活动以便为品牌或组织赢得“一种形象，一个声音”的效果，是一个全面持续的过程。这充分考虑消费者与企业接触的所有要素，将企业营销各个方面、各个环节、各个阶段、各个层次、各种策略加以系统的规划和整合。木桶原理核心内容是木桶最大容量取决于最短的那块木板。视觉营销中的各个设计环节均是木桶的一块木板，任何一个设计环节都关联着整个营销方案的成功与否。只有基于统一标准，对每一个设计环节进行统筹规划，才能使效用最大化。

根据整合营销传播和木桶原理的理念，我们在系统把握服装橱窗设计时将商品设计、包装、店堂陈列、店头促销、售后服务等诸多环节统一在整个流程中。服装橱窗设计在作为整合设计重要环节的同时，也体现了整合设计最终成效的放大化。高效优质的橱窗设计创作背后是三方面的平衡与配合，买手制的商业运作模式保证了所有商品主题的一致性；在商场视觉企划部的统筹运作下，采用设计师轮换制，保证了每期设计的新鲜度；频繁的更替周期强化了产品概念和对消费者的视觉刺激。系统化的产业结构与企业机制保证了高效优质的服装橱窗设计作品诞生，使得橱窗设计成为视觉营销的有效手段之一。如美国服装品牌ANTHPOLOGY每周更换其橱窗和卖场陈列主题，以保持所传递品牌产品信息的新鲜度。

目前，国内部分服装品牌也已加快了橱窗的更替周期，如秋水伊人等杭派女装品牌已经开始每周更换橱窗形象以吸引消费者眼球；也有如雅戈尔等商务休闲男装品牌，更将橱窗设计视为其视觉营销的重要环节，不断推出体现企业文化的主题化的橱窗形象，以进一步传递产品信息，并实现企业文化的深层次挖掘。

设计作为人类生活的一部分，它不停地变化着，与观众自身不断变化的生活经历交织在一起。笔者通过对国外和国内设计作品的比较，总体而言，系统性和周期性的差距还是国内服装橱窗设计目前存在的一方面问题，相对于国外知名百货MACY’S，无论是MACY’S的系统性，还是ANTHPOLOGY高更换频率都是值得国内橱窗设计者关注的方向。随着目前国外众多一线品牌在中国市场上的开拓，很多优秀的橱窗也纷纷应运而生，这也是国内品牌学习的好机会。

第七章

服装陈列的环境氛围设计 7

第一节　陈列的货柜设计

我们都知道陈列的直接目的就是要展示商品，因此一切的陈列相关设施都应该是以商品为主导。那么，商品的陈列设备通常有陈列台、展台、吊架、模特等。商品的陈列设施直接关系到商品的展示方式。通常我们称那些展示台为货柜。

当商店布局设计好以后，就要选择合适的货柜用来摆放和陈列商品。商品销售中选用恰当的货柜非常重要。要放下那么多的商品并且还要显得有条不紊可不是一件易事。现在有两种通用的货柜形式：中岛式和沿边式（如图7-1、图7-2）。

图7-1　德国柏林Gestalten展览馆的中岛货柜

图7-2　Gucci新加坡paragon旗舰店的沿边式货柜

一、中岛货柜设计

通常中岛货柜是独立使用的，它的作用一般分为两种：一种是用来摆放销售商品；另一种是引导顾客的光顾路线。在使用中岛货柜时要注意其在店内空间的大小，如果店内空间并不是很大就不能放置过大的中岛货柜，否则会遮挡住其他展示的商品。另外如果你在大货柜上展示小物件的商品又会减弱商品的展示效果。因此，选择大小合适的中岛货柜来展示你的商品是很有必要的。中岛货柜中有很多不同的类型，从定制的刚朵拉式到各式各样的“淘来货”，有些适合陈列时装，有些适合家用器皿，而有些用于两种商品都可以。

二、刚朵拉式货柜设计

刚朵拉式货柜，最常用于食品展示和家具器皿展示（如图7-3）。这种货柜在制作尺寸上相对来说比较自由，并没有特定的规格，但多数为长方形且四面都有隔板，尾端一般称为刚朵拉末端或者端帽。这种货柜的隔板一般都能调节，所以可以放置大多数的商品。另外，还可以随意改变位置移动方便，因此这种货柜使用起来灵活性大。很多刚朵拉式货柜内部都装有照明设备，最好在其下方安装内置电源插座。虽然这种货柜形式使用方便但是也不适宜放置过多的商品，因为简单、清晰的陈列才能更好地突出效果。通常在刚朵拉式货柜摆放物品总是将较大的商品放置于下部，而较小的商品放置于上部，最底层的隔板也距离地面30厘米左右，不能奢望顾客会弯下腰去选购商品，因此在货柜顶层要设计有标识来引导顾客消费。

三、台面货柜设计

台面货柜，台面货柜无论在高档的旗舰店、概念店，还是普通大众的专卖店都是利用率极高的一种货柜形式。它们可以单独使用，也可以是组合使用，不仅可以单纯地用于商品展示，也可以是提升营业面的趣味道具。这种台面货柜可以直接购买或者依据使用者要求定制，往往成为店内重要的展示工具。台面货柜不仅使空荡的店面空间显得错落有致，还可以放在需要的地方来引导顾客的消费路线（如图7-4）。如果将台面设计成一高一低的组合方式，将小一点、矮一点的台面部分置于高一点、大一点的台面下，是个不错的展示构思，可以增加空间上的层次感，也使得顾客的消费更为随意，就好像在自己家里的桌子或柜子上取东西一样自然。但是在这样的台面上不适宜叠放或堆积过多的商品，衣服也一样（如图7-5）。另外，在台面货柜的设计上也可以是依需要而变化，来配合整体营业面的氛围和风格，使得台面不仅是陈列商品的工具更是提升空间趣味性的不错道具（如图7-6）。菲利普·普莱因在米兰新开的旗舰店里所陈列的台面货柜突破常规的方形而采用多边形，与店内整体装饰形状和气质一致，并且台面高低起伏增强了摆放的韵律感。因此，通常对台面上的商品都要时刻清理或整理保持柜面的整洁，尽心维护展示商品的状态。

图7-3 刚朵拉式货柜常用于家居器皿的展示

图7-4 Prada青山店里的台面陈列

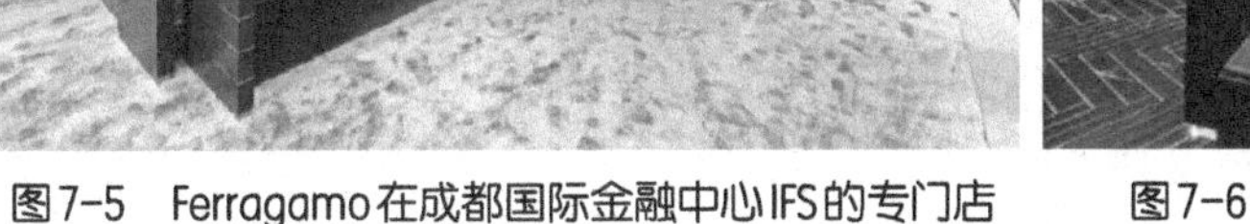

图7-5　Ferragamo在成都国际金融中心IFS的专门店

图7-6　菲利普·普莱因在米兰的最新旗舰店

四、墙面货柜设计

墙面货柜，设计具有良好促销能力的墙面不仅能取得更大的销售空间和赢得更大的销售利润，也可以作为某种商品区域的装饰背景。一些零售商和陈列设计者充分调用陈列的灵活性和创意性，都尽可能地提供给消费者更多的选择空间，和吸引更多的消费眼光。尤其是在一些空间较小的零售商店，对店内陈列的设计布局都格外精心。由于空间上的限制，这些零售商可能不会考虑经常去变化空间的布局，但是习惯利用墙面面积和线形货柜来展示商品，以取得空间上的最大利用化。在墙面货柜中板条墙、网格状挂衣架、固定衣架和墙体隔板架都是比较常见的墙面货柜形式。板条墙是用装饰过的木板做成，一般采用油漆或简单的贴膜来装饰木板。将这些木板固定于墙体上，两块板之间留有缝隙，而挂件就简单的固定在这些缝隙之间。而网格状挂衣架一般都是由金属材质制作的，直接固定于墙上，在其上面夹上支架。像这两种形式如果没有商品挂在其上，直接暴露于外界都是不美观的，所以一般都是刷成和墙面相同的颜色会使整体看上去较为和谐。

固定的挂衣架相对于网格挂衣架和板条墙而言要整洁的多，在卖相上也比较耐看。在时装店里运用的颇多，虽然使店内墙面看上去美观了许多，但因为是固定在墙体上的，所以其灵活度就低了。这些衣架通常都是两端被固定于墙体，因为要挂上商品，所以其材质要足够牢固才能承受商品的重量，挂衣服也一样。以免使用时间过长时会出现变形弯曲的情况。如图7-7中Prada青山店里的陈列衣架就是固定于墙体的挂衣架，其衣架管体部分被漆成白色的与店内整体色调一致。

固定隔板式同固定挂衣架一样是被紧密固定于墙体上的，虽然也不具备灵活性，但是在整体空间感上还是有明显的视觉效果，也能满足消费者的购物引导需求。隔板一般可以用支架固定，或者用螺栓固定在墙上隐式支架上，隔板滑进支架可以将支架隐藏。本身有凹槽的墙面更适合做固定隔板，如果能充分利用凹槽的空间面进行设计也能有很好的视觉效果从而成为生动的销售区域。在材质上，隔板的制作可以用木质、金属、玻璃和丙烯酸塑料等。在零售店内使用固定隔板货柜一定要考虑商品的因素，如果是较重的商品就要考虑不能用易碎的玻璃材质制作隔板，而丙烯酸塑料容易产生划痕，并且如果放置的物品过多过重，也会使得隔板弯曲变形。木质的隔板被利用的较多，但是通常会被贴膜或喷漆过才会使用。另外给隔板照明是需要注意的问题。隔板越深，在下一层产生的阴影越多，在天花板上安装照明设施用来聚光隔板的墙面，通常天花板越低隔板能照到的光线就越少。因此，可以选择在隔板底部安装照明。如图7-8中Ferragamo在成都国际金融中心IFS专门店内的转角墙面上设计了固定隔板式货柜用来摆放一些包包配件，这种转角的设计既可以很好的遮挡突出的墙体又可以创造出弧度货柜的视觉效果。类似于这种墙面的隔板货柜设计在一些服装或服饰配件专门店里利用的较多又能形成比较清晰整洁的销售区域，对于消费者而言，这种货柜也十分方便于选购商品。

图7-7 Prada青山店内部的挂衣架

图7-8 Ferragamo在成都国际金融中心IFS专门店中设计的固定隔板货柜

五、特殊货柜设计

特殊货柜，这种货柜的使用在一些商品陈列中是必需品，普通货柜很难放置这些商品。比如缎带、珠子、电子产品、食品等这些商品在展示时就很难在普通货柜中凸显出本身的特质或很清晰、稳妥地展示出来，这时就需要为这些商品量身定做出特殊货柜。就缎带和一些配饰品而言，本身体积就比较小，缎带又可以根据顾客需要来提供不同长度的，因此，为方便销售往往给缎带设计出滚轴状或凹槽似的货柜方便依据尺寸需求进行剪切。另外，像珠子类的商品因为本身尺寸较小而且又有大小区分，所以往往需要放置在距离消费者视平线较近的地方才能更好地进行选择和销售。例如图7-9中的O_2电子产品的体验店中的特殊货柜形式。O_2的新旗舰店位于德国柏林，由Hartmann Vonsiebenthal设计主要围绕产品和品牌体验。“体验店”这个概念就是让顾客可以亲自测试并且感受数码产品的好处和方便。为了实现这个理念，O_2旗舰店里面设有小组讨论室、工作室、影音室和综合服务中心。内部精致设计采用天然材料，而家具的摆放也给人一种受欢迎的感觉。在食品货柜方面，例如位于沙特阿拉伯利雅得的Candylawa糖果店是世界上最大的糖果店，是由来自新西兰的设计团队Red Design Group完成的。室内装饰所使用的色彩充满童趣和甜味，简直让人流口水。商店分为两层，能够最大限度满足客人之间的互动。图7-10中所展示的糖果货柜体现出独特的活力风格。

图7-9　O_2电子产品体验店里打造的符合年轻人口味的特殊货柜形式

图7-10　利雅得糖果店内丰富的色彩和糖果展示的特殊货柜

第二节　陈列的道具设计

陈列师确定了主题和方案，选定商品后，在整体的陈列布局之前就应该考虑选用什么样的道具了。道具的选用既要符合主题方案的设置，又不能太过于繁多而抢占了商品的主导地位。因此，道具的选用是一项集艺术性和科学性于一体的工作。道具设计是陈列活动的重要组成部分，也是商品展示的物质支持和技术基础。一方面它们可以具备安置、维护、承托、吊挂、张贴、转移等陈列道具所必备的形式功能，另一方面也是构成空间形象和层次感的界面实体，这些实体必须符合整体产品风格和空间布局，同时必须成为创造独特视觉效果的直接实现载体。

道具提升橱窗和室内的陈列效果，与电影布景和戏剧舞台上的道具起到的作用是一样的。道具的设计在确定外部造型时就要考虑其材质的选用，因为展示道具的形态、色彩、肌理、材料、工艺及结构的组成方式，往往是决定整个展示风格完美体现的重要因素。道具可以直接购买也可以专门定制，甚至一些商品也能用来当做道具使用。这些道具既有经济商业价值，又不用另外花钱，并且道具本身也可以挂上标签出售。道具的使用原则是既不能太抢眼又要衬托商品，基本原则是：三分之二的道具和三分之一的商品搭配通常最优。这样的比例似乎有点失衡，但是道具通常要能衬托商品、制造氛围，必须有足够的空间分量才能给人留下深刻印象。过多的商品会影响艺术氛围的营造，除非是在做促销活动，提醒消费者商品的打折或清仓，如图7-11。

道具的使用中一般有这几种形式：利用夸张的尺寸来进行衬托，运用反常规的造型或色彩提示作用，重复利用同一元素以达到深入人心的作用，运用特异元素来起到画龙点睛的作用，家具的使用也是营造整体氛围的不错选择，对自身品牌Logo的使用。

图7-11　促销窗口中利用商品本身标注醒目的促销信息

一、夸张的尺寸来进行衬托

对于夸张尺寸的运用在很多橱窗陈列中都

有用到，可以用简单的扩大或缩小的方式来营造主题。利用人们熟悉的物品进行夸张塑形——放大或缩小，与常规产生不一样的视觉效果。如图7-12中来自“小人国”的精湛手工，Canali高级定制创意陈列，有意缩小人体比例从而突出剪刀和线轴，奇妙画面展现Haute Couture背后的专业缝制工艺。而图7-13中利雅得Candylawa糖果店里却是刻意放大玩偶形象来装饰店内空间，这些玩偶的设计似乎还在玩耍当中，加上丰富多彩的颜色为糖果店的氛围增添了不少乐趣。不仅能吸引孩子们的眼光同样也能收获成年人的喜爱。

图7-12 夸张尺寸的道具设计能更有效地展示主题

图7-13 利雅得店内放大的玩偶设计

二、运用反常规的造型或色彩提示作用

运用反常规的造型或者色彩来设计道具也是很多陈列设计师惯用的手法。对于人们已经习惯的装饰物或植物进行造型上或色彩上的改变，即使是再普通的物品也能引起不少的关注目光，因为人们通常会被惯用的原型和色彩所影响，突然发现已经习惯的物品不复存在而是被新的东西所替代，必然会引发人们的好奇心理。如图7-14中大型百货商场里的陈列设计利用色彩的反常规，将人们惯性思维中绿色的大树漆成雪白色，将一些大自然的动物大象、鹿、狮子也全部漆成白色使得这个圣诞节的橱窗即应景又富有神秘感，将小小展示空间变为一个个晶莹

图7-14 大型圣诞主题橱窗陈列

图7-15 对人体造型反常规的设计

璀璨的梦幻世界。这是从色彩上对常规性物品进行反常规的设计。还有从造型上进行反常规设计，例如上海新天地再度携手英国皇家建筑师学会（The Royal Institute of British Architects，RIBA）和英国总领事馆文化教育处（British Council），带来“Design Your Style建筑师酷玩时尚”上海新天地2014创意橱窗展。在展会上就有这样一组作品：人体模特全部用新型带有金属光泽的材质制作而成，并且在人体的手部形态采取夸张式设计与正常人模手型反差极大，造成强有力的视觉冲击，如图7-15。

三、重复利用同一元素

图7-16　Salvatore Ferragamo博物馆前的陈列道具

重复利用同一元素使得原本单一不起眼的东西变得气势如虹，也不失为陈列设计师的一种高明手法。其实这样的重复利用形式在很多设计作品中都能见到，只是区别于不同的采用元素，有些元素是常见的物品，有些是直接利用商品重复设计，而有些则是运用几何图形、图案来重复利用。无论哪种形式只要运用恰当都可以取得意想不到的效果。如图7-16中佛罗伦萨当地时间2014年6月18日，“平衡之美Equilibrium”于菲拉格慕（Salvatore Ferragamo）博物馆盛大开幕，橱窗通过精心设计，展现出不同场景下形态各异的鞋履。在馆前的陈列中重复堆积着X造型金属片营造一种异样的平衡之美。

另外特异元素的使用也是可以在重复元素的基础上实现的。一般在构成艺术里，特异的形式效果往往是让人印象深刻的。特异是相对的，是在保证整体规律的情况下，小部分与整体秩序不和，但又与规律不失联系。特异的程度可大可小，俗语中的“万绿丛中一点红”也是一种色彩的特异现象。在陈列设计里这样的运用形式也比比皆是，LV第五大道旗舰店的2011年春季橱窗中对鸵鸟蛋的运用，LV的奢华包包、仙履、围巾等配饰从鸵鸟蛋中破壳而出，从一堆完整的蛋壳中破壳而出的是新品。巧妙地运用了特异构成艺术，显得与众不同，如图7-17。

家具用品也常用于营造室内卖场陈列氛围。因为家具的利用可以使商品的摆放更整洁，更有家庭式的消费体验。如图7-18中的Christian Dior在意大利时装之都佛罗伦萨开设了全新旗舰店，店内的家具摆放和色彩充满着简约素雅的法式时尚。使得消费者仿佛置身于自家的大型

图7-17　LV的2011年橱窗运用了特异构成艺术来显出商品的新意

图7-18　Christian Dior充分利用家具作为道具来为顾客营造家庭体验式消费

衣橱，可以再放松温馨的环境下进行购物。这种体验式的营销方式也被广泛应用于各种零售行业。

视觉营销领域的一些陈列师在道具的造价方面都会考虑很多。确实，一件精美的道具是能够到达让零售店与大型百货商店处在同一水平的目标。但是，往往一些最精彩的橱窗并不是靠金钱花费的多少来决定的，而是能吸引人们目光的活跃想象力。但是很多人却认为陈列的好坏是由资金量的大小决定，所以经常是耗费大量的人力和物力却仍然起不到惊艳的效果，这时候就应该考虑是不是在道具的设计与应用上还不够完美，好的商品配上完美的道具设计是完全可以到达事半功倍的效果。

第三节　陈列的照明设计

一、照明设计的重要性

一般来说，无论是用来突出店内焦点还是为了让顾客方便地找到所需商品，充足的光线总是必不可少的。即便是简单粗糙的灯光设置也是一种照明，是销售环境中重要的组成内容。

保罗·赛姆斯任伦敦福特纳母梅森百货公司视觉营销主管，他痴迷于照明和光线技术的魔力。在保障橱窗陈列获得良好照明这一问题上他的秘籍是：① 布置橱窗前，确保所有灯具的清洁、可用；② 调整照明时，看光束是否聚焦到想要的产品上，一个简单的方法就是在灯前挥手，看投影在哪；③ 使用光束宽度合乎要求的灯；④ 灯的备货要留有富余；⑤ 白天和晚上都要检查橱窗照明；⑥ 千万要让橱窗的光束投向橱窗内，而不是外面，那样会让潜在的顾客视而不见。从他的陈列秘籍中不难理解到照明不应该总是做马后炮，在做陈列时始终要考虑以下照明问题。

（1）陈列本身有照明支持吗?

（2）布置陈列的区域有电源插座或照明轨道吗?

（3）怎样为陈列商品照明?

（4）照明需要什么灯具?

因此，无论如何，照明都不应该是陈列师预算中最节俭的项目，品质优良高效的照明灯具是一大笔费用。但大多数零售商并没有把照明当做是一项极为重要的设施，也并不愿意在照明灯具上花费太多，使得一些照明设备也没有最大化地发挥其优势。在一些店内虽然有些地方非常尽心地去设计陈列，但因为照明不够或运用不当，使得商品依然不够突出。

二、照明设计的技巧性

在店内安装可调节的照明轨道使得店内陈列设计更加具有灵活性。一般可调节轨道安装纵向和横向两种，但是圆轨轨道也利用颇多，方便不同角度的照明，在陈列照明中不仅有顶光的设计，还有墙面和底光的设计。在台面货柜和刚朵拉式货柜中本身也会设计到灯光照明的，用来突出某一些商品或某一区域类的商品。视觉陈列师一般担负着控制不同作用的各种灯具，聚光灯能突出单件商品和核心商品，而泛光灯就要为整个卖场环境提供基础照明。灯的瓦数和灯束宽度需要针对具体展示的商品而定，同一店内陈列的区域和空间里的照明数量不能差距明显，不能某一个区域过亮或过暗，导致同一空间里的陈列照明很不协调。另外，要注意橱窗中的照明设计。橱窗照明中白天和晚上的照明不一样，在太阳的照耀下，橱窗的陈列会需要更多照明光线来与太阳的日光相抵，但是到了晚上却需要将光线调整的弱些以避免橱窗陈列在黑暗的环境中显得刺眼。很多零售商采取了一种可以依据不同时间自动调节光线强弱的照明系统。这样，在橱窗展示中照明因环境的变化而变化就显得更为便捷了。如图7-19蒙克莱（Moncler）2014秋冬橱窗中倾力打造以金属银熊与瑞士牧屋为主要元素的曼妙景象熊与山地牧屋的设计元素再度彰显了蒙克莱对传统精神的传承，而金属材质的运用则将淋漓尽致的展现出蒙克莱对于科技与创新的不懈追求。橱窗的照明以顶光为主，搭配金属质感的背景所散发出来的光显得冰冷而有格调，既可以突出羽绒衣保暖的主题性也能显现出该品牌对科技力量的支持。

没有在相应的区域选用合适的灯，灯具再华丽也只是流于表面。不但对商品的销售不会起到积极作用，反而会使得整体陈列环境变得不协调。很多照明灯具和轨道可以安装多种灯，但是并非所有的灯都能全面地发挥其作用。陈列师所需要的光束宽度尺寸通常由所要展示的商品或商品群组的大小来决定。比如手机、珠宝这种小物件的商品只需要三度的光速宽度，过多的光线宽度会把周围环境也照亮，从而会降低独件商品的关注度。商店营业厅通常会用荧光灯带照明，运用恰当的话也会提供强有力的整体环境照明效果。如图7-20蒙克莱（Moncler）位于米兰马尔彭萨机场专卖店，由与蒙克莱有着多年合作经验的Gilles & Boissier建筑工作室倾力打造。灰色网纹大理石与法式烟熏橡木精制而成的地面设计，辅以木纹镶嵌工艺，以此打造别具一格的蒙克莱室内装饰设计风格。专卖店的橱窗与陈列架均采用晶莹剔透的特制玻璃和泛着低调黑色光泽的定制金属材料精心制造而成。整体基本以可移动照明轨道的顶灯为主，在局部的货柜上聚光和背景灯，整个卖场的照明显得干净、清晰，没有多余的光线。与卖场的低调风格相匹配。

而在一些精品店里则是擅长利用自然光来烘托店内的氛围，这种情况当然是在白天的时候，只是在店内打少量的聚光灯。如图7-21中最新的香奈儿（Chanel）快闪店在Aspen开业，这家快闪店陈列了以Wild-West为灵感所设计的M é tiers d'Art高级手工坊系列。店铺设计以木质材料为主，木衣架、木地板、木衣柜灯十分具有生活气息。使得香奈儿看起来似乎更

图7-19　蒙克莱的秋冬橱窗运用了灯光和背景板来制造氛围

图7-20　蒙克莱在米兰机场的店内通过照明的辅助更显精致

加亲民，这一切使得消费者不像是在逛奢侈品商店，而像是在自己温馨的家中无拘无束，慵懒地晒着太阳。因此在店内很少安置看上去商业味极强的聚光灯和顶灯，一切以自然为主。

图7-21　香奈儿的新店里利用自然光的照明带来温馨舒适感

第四节　POP设计

一、POP设计的重要性

POP是英文point of purchase的缩写，意为“卖点广告”。其主要商业用途是刺激引导消费和活跃卖场气氛。它的形式有户外招牌、展板、橱窗海报、店内台牌、价目表、吊旗，甚至是立体卡通模型等。简而言之就是一种标识，它既可作为橱窗背景，又是产品广告。如今的标识和标签已不仅仅限于手绘和印刷了。随着各种电子产品的更新换代和照明事业的发展，霓虹灯、等离子、Led灯等一些常用技术被利用于标识中，建立了一种与消费者全新的交流方式和认知方式。无论你是小型的零售商店还是大型的百货商店，都需要对消费者做出一种引导、诠释或者指向性的信息，而消费者通过这样的信息来认识商家的品牌或者企业文化，这也是为什么标识显得越来越重要，其形式也越来越多元化的结果。

标识设计就是商家的购物指南，分门别类的标识能帮助消费者识别品牌名称和商品的选购区域。强势品牌如果运作恰当并将标识作为焦点，能够把顾客吸引至店内的中心区。墙面POP设计是商店设计和视觉营销不可或缺的内容，将其作用得到极大发挥时不仅具有导向作用，还能吸引顾客驻足观看，挖掘潜在的客户群体。等离子显示屏和Led、霓虹灯都是塑造更加立体化和创造戏剧效果的有效方式，在强化信息的同时又给平淡无奇的墙面和货柜增加了活力感。H&M曼哈顿新店的装修采用了巨幅的黄色气球狗——出自于艺术家Jeff Koons之手（如图7-22）。

图7-22　H&M曼哈顿新店的装修

二、POP设计的技巧性

图7-23　商品促销的POP指示直接、清晰地刺激顾客的消费欲望

对于POP设计就是要抓住几个要素：刺激消费，满足心理诉求；点名主题，烘托氛围；强化视觉，追求震撼力和吸引力。在刺激消费方面，最直接的莫过于打折促销的POP提示，这一类提示往往很有效地迎合了消费者的消费心理，促使他们购物（如图7-23）。而这些信息通常也是具有季节性和特殊性的，商家在这个时候的陈列上就要醒目的做好POP设计来引导顾客消费，不仅橱窗里还包括店内某一些销售区域类促销信息的标签指示也要明确。

点明主题性，依据主题尽可能地创造相应的氛围，让消费者有感同身受的购物经历。POP图片作为橱窗陈列中的一大元素，在辅助、烘托所展示的商品时，需要与整体色彩和风格相辅相成，既要起到到画龙点睛的作用，又不能喧宾夺主。如图7-24中女导演索菲亚·科波拉（Sofia Coppola）为法国精品百货店Le Bon Marche设计了以路易·威登LV（Louis Vuitton）新款S.C.包包为主题的橱窗。此前，也是索菲亚·科波拉为路易·威登设计的S.C.包包系列。索菲亚·科波拉一向和时尚圈关系密切，在10个不同的陈列橱窗中，色泽鲜亮的花朵、樱桃和气球营造出童话般氛围，呈现出缤纷梦幻的唯美画面。图中用霓虹灯照明出的标识就是Sofia Coppola和Louis Vuitton的英文拼写，其照明的颜色和橱窗主题十分统一，而且这样的Logo能够点明主题，提醒消费者S.C.包包系列的含金量。

图7-24　这个以S.C.包包系列为主题的陈列

强化视觉，追求震撼力和吸引力的POP设计，POP图片一般作为橱窗的背景来加以运用，因此在选择POP图片时需要考虑其视觉吸引力和震撼性，因而POP图片画面要求简洁、醒目，不必过于追求繁复的形式美感，POP图片尺寸以超常规为宜。如图7-25中ZARA于香港中环皇后大道开设其全球旗舰店，位于皇后大道的ZARA全球概念店的设计是以四个核心为原则：尽得优美、清晰、功能和可持续之精髓，优先为顾客打造贴心的购物体验。橱窗内的大型时装大片以其超常规的尺寸占尽风头。一般卖点广告在白天和晚上是不同的效果，尤其是在晚上需要有效的照明方式才能到达预期的宣传效果。

图7-25　位于香港中环皇后大道的ZARA旗舰店

依据目前市场上POP设计来看，基本上也还是以文字和图片为主的宣传形式，色彩的利用在设计里也是极为重要的。尤其是在一些特定的销售区域还需要带有背光板照明的透明板来实现宣传广告的效果。无论其科技有多发达，材料有多新颖，其目的只有一个：吸引消费目光，刺激消费。所以在制作多种形式的POP 设计下，始终是以此目的为中心，不要太过于喧宾夺主。

第五节　多媒体设备、音乐及气味的应用

一、多媒体设备的应用

近年来，在陈列设计中，应用多媒体的高科技手段来进行展品的表达，能够将图形、文字、声音、图像、动画有机地结合起来，从而丰富和完善了产品陈列设计的手段。多媒体的应用增强展览的科学化、可控化和自动化，多媒体的陈列形式是将陈列内容当做主体来表达对象充分理解、深入挖掘的基础上，综合运用技术手段。组织展品、艺术表现形式等多种元素，以线性参观方式，主要通过视觉、听觉等人类感官来传递商品中包含的各种信息。在一些陈列展览中多媒体是陈列者首先考虑的形式。陈列形式设计的要求是展陈形式具有流畅易读的特点，能够符合公众对一般公共美感的认知度。多媒体陈列设计包括展台设置、动态场景构建和应用界面设计三个方面。另外，由于多媒体展陈列形式具有声音、动画、色彩的多维度，因此其不同界面之间的过渡就显得非常重要。良好的画面衔接应该做到："形无影、大音无声"，将多媒体陈列的不同形式结合成一个完美的整体。在北京文化创意展示中心的建设中，共使用松下DLP系统工程投影机13台。图7-26中是创意展的序厅，共使用2台7000流明的松下DLP系统工程投影机PT-FDZ87CK，采用正投融合的方式对其主墙面的大型动态浮雕装置投影，PT-FDZ87CK智能色彩亮度控制技术的强大色彩表现力和精准亮度控制技术，实现了高质量的投影图像。

2011年的Jean Paul Gaultier回顾展（如图7-27），这场多媒体性质的展览非常有看点，收录了超过120件Jean Paul Gaultier从1976年至2010年间创作的经典作品。利用了多媒体技术制造了光怪陆离的展示场景。这场多媒体秀表现了设计师如何从多种文化中汲取精华，用一种新的审美方式去解读传统服饰文化。

图7-26　北京创意展的序厅采用了多媒体的投影技术呈现出浮雕效果的墙体

图7-27　Jean Paul Gaultier回顾展

二、音乐的应用

音乐在陈列中带来的体验是整体氛围营造的一个重点。视觉陈列师的职责并不是局限于视觉上的享受，只管销售区域的布局以确保可观性、推动品牌形象和促使消费行为产生冲动的形式方面。他们现如今似乎更应该关心整体店铺氛围与基调的整体层次。他们也要决定顾客来购物时是否应该有音乐伴奏，应该放什么样的音乐既符合本品牌的定位又不会让顾客觉得反感，甚至该让顾客觉得是一种必要的享受。把音乐他们的售氛围的提升也不是一件随意的事，对于年纪较大的顾客群就不适宜放太过于现代和嘈杂喧嚣的音乐，可能会引起他们的不快。但是对于年轻群体却是不错的选择，又或者在儿童商品售卖的区域适合给出活泼可爱的背景音乐来促进消费。

三、气味的应用

在陈列环境的氛围设计中，除了以上谈到的重要元素，还应注意一些小细节，如店内的各种香味和植物道具的利用。一般空气中的香味能让消费者的嗅觉和神经兴奋起来，有助于商品的销售和留下较深刻的印象。在芳香的氛围中购物是绝大多数人很乐意做的一件事，如果在销售鲜花、蜡烛和家居饰品的店内，这样的做法肯定能提升销售量。有些香味和其销售的商品类型是有关联的，尤其是食品，最好能让人感到是新鲜、可口的。这时候香味可以很好地起到引导作用，来调动顾客的食欲。但是要限制在能控制的和改善的范围内，过量香味会使人反感。另外，植物的运用也是必不可少的陈列调味剂。植物是造氛围、色彩及香味的好方法，可以采用人造植物也可以是实体植物，在实体植物的护理方面会较麻烦点，有时为了店内的整洁可能不得不置于室外。如图7-28和图7-29中米兰奢侈品集成店铺Excelsior Milano店内的绿色植物装饰带，以及10 Corso Como米兰概念店外的成片植物群，这样的氛围营造出更为轻松自然地基调。

图7-28 米兰奢侈品集成店内的植物带

图7-29 10 Corso Como米兰概念店外的植物群

第八章 服装陈列的策划管理 8

第一节　陈列策划方案的制订

一、陈列策划方案对应陈列主题

我们在前面章节谈到主题的时候就说过：主题和方案是互相关联的。这两个词都是服务于商品的创意型元素，成为橱窗陈列或店内陈列整体统一感的线索。主题是整个陈列的表现内容，包含现实全部创意的色彩、道具以及相应的商品。例如圣诞主题会包括有圣诞树、彩蛋、鹿和圣诞老人以及在色彩上会有雪花一样晶莹剔透的白色、喜庆热闹的红色等多种元素只为打造圣诞主题的感觉。而方案是为了尽可能地实现主题，可以是适用于一个零售店，也可以是适用于一个百货商店里的多个橱窗陈列，比如纽约的梅西百货商店（Macy's）（见图8-1）或者赛尔弗里奇百货商店（Selfridges）。方案呈现主题，但是可以做一些局部调整以便传递不同的商品信息或者突出不同的地域性特征。另一方面在不同的橱窗方位主题展示的方式略有不同，其采用的道具也有所差异。但是无论如何都是围绕同一个主题来进行布置装饰，具有相对统一性。

在很多现实例子中，橱窗的主题和方案也是可以运到商店内部，用于店内陈列。如果运用恰当会给消费者带来更强烈的商品信息或品牌信息。比如图形图案是店内最有效、最经济的方式，也可以适当的装饰一些道具来烘托主题促进方案的实施。主题和方案也可以是店内特定区域或反映橱窗主题的陈列形象的复制。所以在什么位置布置店内陈列来获取最大的陈列效果总是值得考虑的，因为多设置的道具或模特、货架总是会增加额外的成本。如图8-2中蒙克莱（Moncler）专营店。

图8-1　纽约梅西百货公司2011～2012年节日橱窗

图8-2　店门橱窗的设计元素也同样运用到店内陈列

二、陈列策划方案突出陈列主题

连锁店通常都会把精力和金钱放在旗舰店上，让店看起来更吸引眼球。很显然旗舰店无论在规模上还是货源上都是最大最齐全的，有的甚至是设在具有地标性的路段或十字街口。因此，这一类店面的橱窗和陈列往往都是让人印象深刻的。另外，对于陈列师来说，在一个较小的门店想传达同样的信息也是有难度的。只能采用共同的色彩、用较小的道具或图形等作为共同的线索来解决这样的难题。即使是连锁店或百货公司，其橱窗的大小规模也会不一样的，所以要视情况而定进行需要的设计和制作。如图8-3中汤丽柏琦（Tory Burch）静安嘉里中心旗舰店坐落于上海市中心万商云集的“奢侈品走廊”——南京西路，近千平方米（9645平方英尺）的店面内部分为上下两层。大气的外立面楼高三层，选取珍贵的石灰华与黄铜倾心铸造，灵感源于Tory童年家中充满中式韵味的齐本德尔式家装风格。浮雕的镂空在大小与比例上破费心思，巧妙借助阳光的自然投射，在光影交错中勾勒出门面的美妙轮廓。

以具体某男装品牌陈列策划案为例。在承接该项目时，其设计团队根据当时本季橱窗设计的定位，结合之前所做背景调查，对本季的流行趋势和本季所能采用的主题进行推敲。目的是让设计团队对此次陈列设计有全盘的了解。可以采用拼贴板的形式进行资料的罗列展示。如图8-4中设计团队在确定主题方案时所用的主题元素板，上面是集前期市场调研和对该男装品牌的定位进行整合分析以及提炼最终得到的。

图8-3　汤丽柏琦（Tory Burch）上海南京路旗舰店的位置决定了其大气奢华的门面设计

在这个步骤，最需要的就是进行一场头脑风暴，即通过设计师之间的思路碰撞，对设计元素的推敲，组合出一套完整的构思。这个过程强调的是提炼元素，利用元素来体现主题，橱窗设计由于具有及时性，要求设计的道具具有视觉冲击力，因此必须用最形象的元素来突出本季橱窗所要表现的主题。由于橱窗展示对受众的视觉停留时间非常短，因此要求橱窗主题元素数量要少，以免词不达意，过多的元素让受众无法在短时间内理解主题。

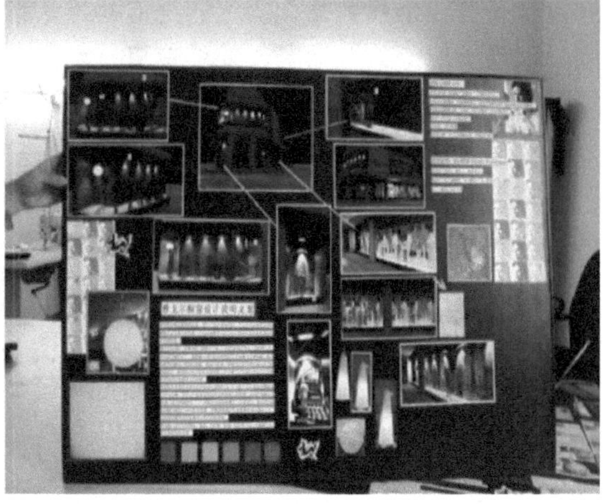

图8-4　某男装品牌陈列策划方案的主题板

第二节　陈列策划方案的实施

在确定陈列方案后的实施并非易事，总是有太多的因素阻碍着创意的实现。首先预算就马上萦绕在心头，更要紧的是还要针对零售商指定商品的设计，很多时候由于广告大战中某件商品的突出表现，能用到橱窗陈列里的商品早已经被锁定，大街上这种情况尤为如此。某些商品需要快速清仓时基本上也是这样的状况。对商品和店铺的整体形象做到心中有数是很有必要的。通常零售商在陈列师的帮助下总希望能用很好背景或道具来衬托自家商品，然而你有更多的创作自由去挑选商品，也应该先理解主题，再考虑给消费者传达怎样的形象和信息。比如，选择传统的家具与家具用品来搭配现代橱窗陈列就不太合适，因为两者之间很难找到契合点。又例如在色彩方面，用稳重的暗沉色调来作为整体节日橱窗陈列也显得不合适，感觉不应景。因此，方案的实施在转向消费者之前事先确定商品和陈列的关系才是明智之举。

一、检查整理

如果事先对橱窗方案做了细致的设计，那么在后来的橱窗陈列实施上也就显得没那么困难重重了。要布置的陈列区域首先得干净整洁，要检查所有的照明设备是否齐全，灯是否有损坏。前一次橱窗陈列布置过的场景要迅速有序的拆卸下来，例如布置用的订书钉、小钉和螺丝钉都要拆卸干净，多数要填补墙上的洞眼并用磨砂纸打磨保证光滑平整。

二、墙面背景和地板的处理

墙面和背景是极为重要的，它是整体陈列的视觉基础。墙面在布置前需要处理，把地板保留到最后，防止不必要的涂料喷溅上去。如果刷墙就不能偷懒，一大早就必须开工，因为一是可能要刷好几遍，二是如果天气不好涂料干透可能需要更长的时间。这个在橱窗的陈列中可能

好操作一些，但是在室内卖场相对有难度，因为要考虑到实际营业情况，除非是整体停业装修。但是一般都只是做局部处理或直接粘贴使用POP背景板和宣传画。如果橱窗里有玻璃等道具时，一定要事先搬离或用布遮盖好。因为喷溅的涂料很容易就沾染上，而往往涂料的斑点也容易被消费者注意到，显得不够整洁。如果橱窗个类似大理石或木材的固定地面，除非也要刷漆，否则都应该用东西遮挡防止被溅到涂料。如果有特定地板布置的就应该在墙面完成后并进行清理后进行，如有的要在地板上涂色或固定织物的，这时就可以按照设计铺平织物并在重要的地方用订书钉固定，工作人员在操作时也要注意不要踩脏织物或弄损。

三、陈列空间的道具布置

墙刷好了，地板布置好了，接下来就可以布置橱窗了。一般可取的办法是先放进道具，道具是整个橱窗展示的骨架和基础。在这里道具可以是任何形式和组合的物体，它可以是一件道具也可以是一堆道具，道具要能够反映商品的特征或者主题。在橱窗布置中道具要显眼但又不能抢占商品的风头，可以在色彩、造型、材质和肌理上寻求视觉上的刺激。一件完美的道具其造价并不低，因此还要看自身的预算是多少，很多商品的陈列使用一些旧家具和废品制作而成，其实很多精美的陈列道具并不都是价格高昂的，优秀的设计师可以利用低成本制作出高规格的道具，并且陈列效果极佳。所以，好的陈列并不一定就是与金钱挂钩的。把道具放在引人注目的地方，但要记住商品才是主体。大的道具一般放置于后面，小的道具要放置在前端或台面上，道具要配合商品，否则商品被道具遮挡就不是零售商想看到的。如果是悬挂的道具，就应该先布置悬挂道具，必须用结实的金属线或绳索固定道具，在天花板上固定时注意不要损坏或阻碍照明轨道，以免影响整个陈列的照明效果。橱窗陈列中一般分为封闭式、通透式和半通透式，道具布置也要依具体情况而定。如果是通透式的橱窗陈列由于没有背景墙面所以是直接看到店内，所以在布置时不会那么整体和整洁，道具的设置无论在数量和体积上都应该慎重。另一个处理办法可以是人为地在通透式橱窗上设置背景板，可以是实体的墙面也可以是巨幅的背景画。

图8-5 维果罗夫全球旗舰店店内的道具布置

明确的主题是从橱窗延伸店内的每一个角落，在很多情况下店内跟橱窗一样可以带给消费者乐趣。因此，适当的店内道具使用既可以增强陈列主题性，又可以丰富消费空间。道具的使用要依据店内空间而定，除了必要的货架和模特以外，一些家具和椅子的设置也是很好的道具，即实用又美观。当然店内的道具布置一定要整洁不能凌乱，否则给人留下不好的印象。维果罗夫（Viktor&Rolf）全球旗舰店店内宽敞明亮（如图8-5），以灰色毛毯为主调，反映品牌的独特设计风格：概念化、挑逗性以及出人意料的优雅。这创新设计由著名

Architecture & Associes建筑师事务所的Pierre Beucler和Jean-Christophe Poggioli负责，将新古典主义揉合于当代设计之中。以单色物料创作的概念打造独特的视觉体验，成就了Ghost Architecture技术。店内的家具作为道具使用也具有独特外形设计，其造型线条与店内具有巴洛克式的复古风格主题一致。

四、货架与模特的布置

在前面的内容中我们详细叙述了货架的常用形式，作为陈列里的重要道具，无论是在橱窗中的摆放还是店内的陈列都是具有无可替代的作用。通常在百货商店里，不同的品牌不同区域有自身的货架，称之为供货商货柜。是由供货商提供给零售商摆放品牌商品，这些货柜可能长时间使用也可能暂时性使用，在布置这些货架时零售商本身在货架的款式上没有太多的选择，所以尽管不适合整体百货商店的形象但也必须得用，当然高档的百货商店有自身的准则，进去销售的品牌其相应设施的品质还是摆的上台面的。与供货商货柜相比，品牌专卖店就更加注重强化品牌形象，所用到货柜都是品牌货柜而不是由商场采购，随着季节的变化，品牌专卖店中的设施会发生很大变化：设计师会通过添加不同图示和标识，以及重新规划区域的方式来改变商店的形式以适应新产品的售卖，因此，货柜也会不定期的发生改变，可能是摆放的形式也可能是货架自身的材质、造型。而对于概念店来说，货架的布置更多的是专注于商品或商品风格，零售商意在向顾客传递一种品牌思想和理念。多数这样的零售环境已经形成的概念店，比较依赖于固定消费群和忠实的顾客。他们的货柜和模特都具有强烈的品牌特征，是别的货柜和模特道具无法替代的。对品牌形象的建设起到引导作用，因此这样的货柜布置形式感更强，在墙体上的固定会需要特殊的技术，一些台面货柜会因造型独特而需要更多的空间，所以在货架的安排上要更合理。如图8-6三宅一生（Issey Miyake）开设在日本大阪的这家全新概念店，有一个很有趣的名字叫“ELTTOB TEP”，原来是“宠物瓶”（PET BOTTLE）的英文字母反装组合！“ELTTOB TEP ISSEY MIYAKE”是第一家三宅一生在日本市场采取联合品牌经营的店面，此家复合式概念店所展售的商品包含三宅一生（Issey Miyake）旗下各子品牌子系列、新锐设计师作品与在全世界各地所拣选的各种商品，包含衣服、包包、鞋子、香水、保养品，还有书籍、CD。ELTTOB TEP为日本著名的设计机构佐藤卓（Taku Satoh）命名，佐藤卓在日本的艺术设计领域中占有重要的席位，佐藤卓也与三宅一生大师共参与21-21博物馆的视觉设计工作；同时，佐藤卓也是ELTTOB TEP的艺术指导总监，他参与了此家店的空间陈列及所有艺术设计的创意指导。

图8-6 三宅一生（Issey Miyake）开设在日本大阪的全新概念店

另外，店内货柜的布置还要遵循一定的法则。作为营业售卖区域，视觉陈列师通常把卖场氛围四个区域：铂金区、黄金区、白银区、青铜区（有的零售商可能是按照字幕区分）。必须知道进入商店

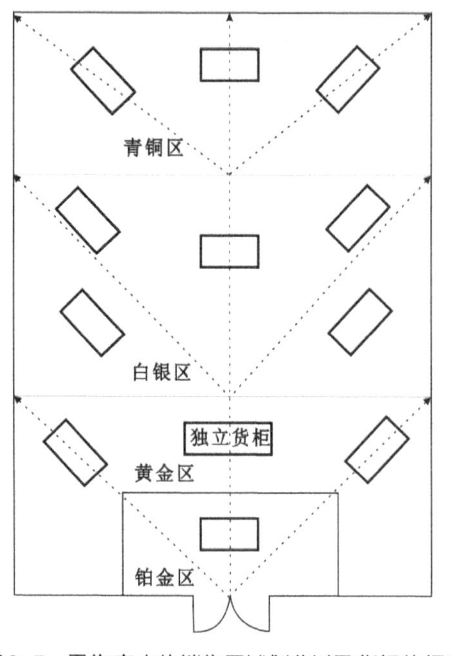

图8-7　零售店内的销售区域划分以及货柜的摆放

的第一区就是主销售区域，所以叫铂金区；商店内部一点是第二销售区，叫黄金区；朝向商店后部的是第三区域，叫白银区；最后面的是第四区域，叫青铜区。因此，在销售空间的平面图中要标注出的是入口，而陈列师就要根据自身销售需要，设定卖场区域的路线，希望进店的顾客是以什么样的行走路线来进行商品的观察，希望顾客最先注意到什么样的商品，而这些路线和方式是可以通过货柜和货架来实现的。我们都知道铂金区是最容易引起消费者注意的区域，因此，这样的区域往往放置的是店内主推商品，而青铜区由于与入口和店内的空间关系在吸引顾客方面就显得较弱，但是这样的区域也不能因为位置而怠慢，也需要放一些必要的日常用品和搭配消费的商品让顾客有更多的消费选择，从而促进连带消费。如图8-7中的货柜放置在各个区域的形式图，空间中添加了一些独立货柜的布局图，这些货柜一般都是成45度角摆放以方便顾客的进出和浏览，货柜的组合形式可以是独立货柜也可以是组合货柜，依据店内的实际情况而定，如果未了使店内有更多的行走空间也可以适当减少货柜，或者直接装成墙面货柜。同时货柜的摆放还可以用来引导消费路线。

模特衣架可以在一定范围内帮助商店促销各种时装系列商品。模特衣架有各种尺寸和样式：从成年人到儿童，从孕妇到运动系列，还有一些特殊形式化的模特。细致选择类型要考虑是单独使用还是组成家庭式的使用，这样可能包括坐着、站着、躺着的、斜靠的甚至是运动姿势的模特衣架，是否需要更戏剧化的模特衣架也是在陈列时值得考虑的。尽管一个好的模特衣架很贵重，其按照设计方案也承担着重要角色，这一年其他时间也不能一直用，一种独特的风格姿势也是很难装扮的。还要考虑一套产品能用多久，具有夸张姿态的写实模特要搭配恰当的发饰和妆容，可以轻松的用于推动时尚主导形象。在橱窗陈列时要考虑需要多少个模特衣架、有多少个橱窗，一个橱窗里要摆放多少个，并且有坐姿搭配站姿的都是需要安排的。如图8-8中呈现的模特衣架其姿势的多样性为陈列师带来更广阔的设计空间。如果是童装，组合模特衣架要比单个的儿童模特衣架更为抢眼和更有效果。

装扮模特衣架可不是一件轻松的事，作为一种大型道具，如果装扮不得体就会适得其反，令人生厌。服装的选用需要动作配合，如果模特的手在髋部，就搭件衣服在手上会感觉充实些。学会用大头针固定服装也是很重要的，并不是所有的服装都能合适与模特衣架，往往都是服装偏大，所以这个时候你就需要考虑如何使L号的衣服在模特衣架上传出标准型的效果，就需要用到大头针的固定，通常都是在内侧固定，固定得好就可以使大码的衣服也能在模特衣架上传出完美的效果。而对于模特的穿衣并非看起来这么简单。就模特本很而言是需要拆装和分解局部的。装扮男性模特和女性模特不一样，女性可能需要更多花样的头发和发饰，举手投足要优雅。在操作多个组合模特衣架时，需要在拆装、分解时做好标记，以免在穿衣的过程中弄错四肢，一个模特衣架的四肢与另一个模特的躯干是不匹配的，否则装好后会有别扭的感觉。

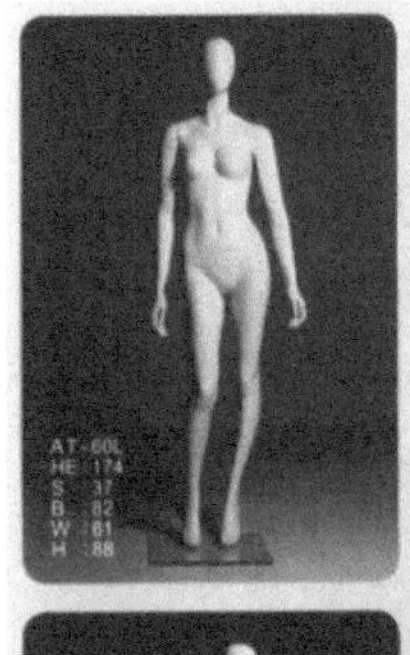
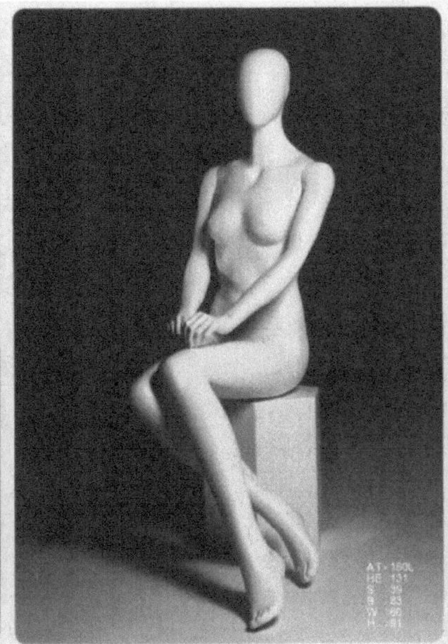
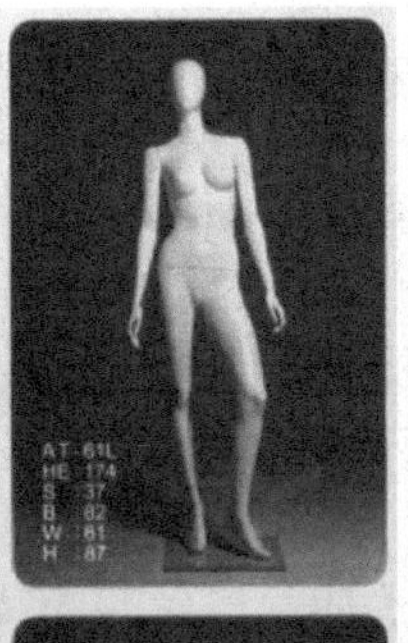
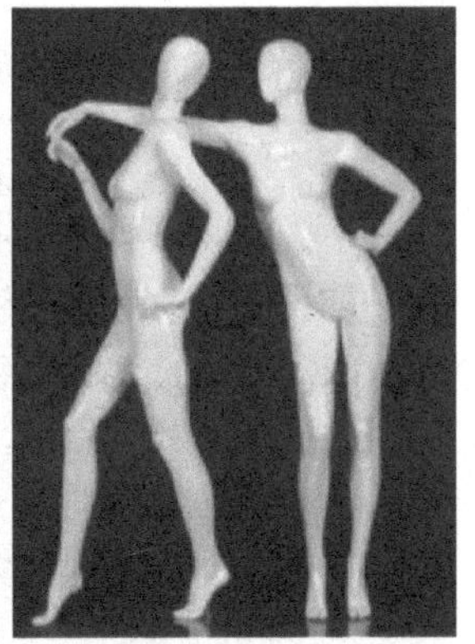
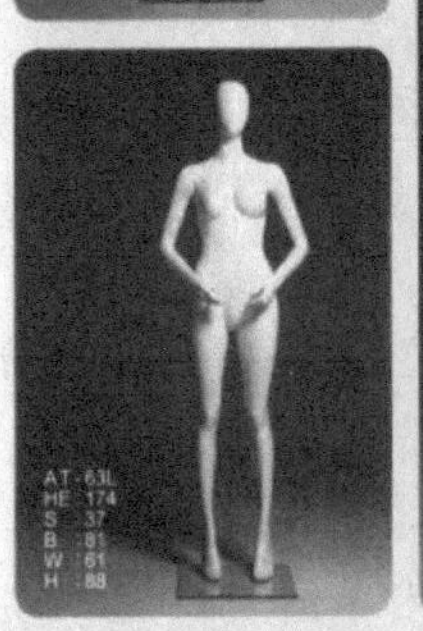
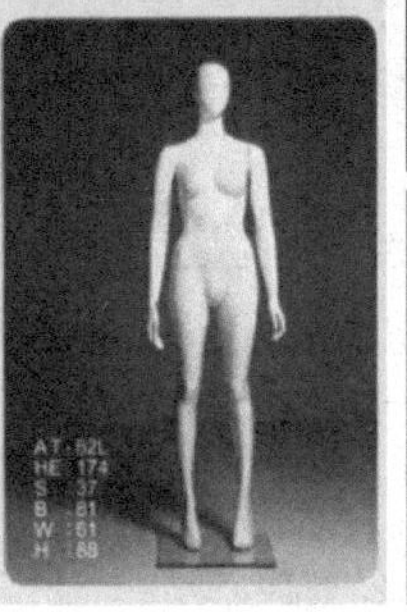
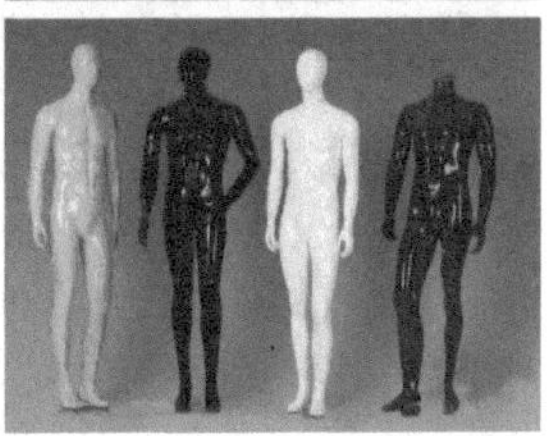

图8-8　各种姿态的模特衣架

大多数模特衣架在设计上都有相互组合的潜质，所以可以按照赏心悦目的方式进行布置。人们擅长发展模特之间互动性，放置不得当的模特组合对任何展示的创意体现都是一种损害。因为组合模特往往可以使陈列师大大发挥创造力，多个模特组合时通常都会有主体模特，其他模特衣架都是陪衬。所以模特衣架的使用经常也是主次分明，轻重搭配。通常在铂金区和黄金区摆放模特衣架，这样更能吸引住顾客目光。如图8-9中H&M在斯德哥尔摩开设的最新最大旗舰店橱窗里的模特装扮时髦，在导购促销方面极具诱惑力。

图8-9　H & M旗舰店的模特衣架

五、陈列区域的观察和调整

当该布置的道具、货架、模特都安装好后，这个时候最需要的就是观察和调整。如果是橱窗站在街边检查橱窗是很有必要的。花很长时间布置如果不从消费者的角度和视点来观察橱窗的话就容易出现问题：视觉焦点是否在设计师想要呈现的地方；商品的展示是否被遮挡；道具的摆放位置是否合理，太靠前还是靠后；模特的组合是否合理，姿势是否自然，穿着的服装是否整齐，并且相关的服饰配件是否到位；重点就是展示的商品是否明显，在色彩的搭配上是否合理等陈列问题都会在设计师的脑海里一一呈现。这个时候需要多个人来进行观察，每个人所观察到的感觉是不一样的，也比一个人的观察更为全面。

六、照明设施的安装

感觉陈列快要告成时，就应该是重要的照明设备出场了。照明是整个陈列展示的点睛之作，是橱窗展示中最富有生机的元素，但是很多陈列师却忽视这一点，包括零售商本身。在对卖场陈列来说一般都是泛光照明加顶光照明，在一些货柜上本身也是有照明设施的，用来突出货架上的商品，也会局部用上聚光灯。这样做的结果既可以看清商品，又可以使商品在聚光灯的衬托下显得更为精致。除非是特殊效果需要，在店内空间呈现阴影部分，否则一般店内照明都是要求尽可能的灯火通明。当然有的氛围需求，会适当调暗灯光用来营造柔和温馨的气氛，重要是为了体现整个卖场的需求。而对于橱窗展示来说，其照明就显得更为重要，因为本身也是在店外和门面上。花了数小时布置的橱窗希望完美呈现，点亮的橱窗其意义就在于让路过者眼睛一亮，晚上的照明就显得尤为重要。所以在这里就需要安装自动调节功能的照明设备，在白天和晚上不同的感光度下起光度也是不一样的，这在前面的章节已经提到过。一般也会在橱窗里安装滑动轨道以配合照明的使用，所以在橱窗展示的任何商品和道具都需要细致、整洁，以免在聚光灯的照射下其灰尘和不整洁的地方会变得尤为突出。如图8-10中洛克山达·埃琳西克（Roksanda Ilincic）位于英国伦敦梅费尔区蒙特大街9号的首家旗舰店。这家旗舰店由设计师Roksanda Ilincic与黑人建筑师David Adjaye共同设计打造，共两层，占地2500平方米，并拥有独立的花园和露台，整个设计风格与艺术、时尚紧密相连，其中也不乏雕塑、美术和建筑元素。店内的前面货柜设计的也颇有形式感，在货架上的照明显现的商品精致而小巧，同时又不会容易被忽略。大理石花纹的背景在灯光的衬托下肌理感很强。

图8-10 洛克山达·埃琳西克位于英国伦敦梅费尔区蒙特大街9号的首家旗舰店

第三节 陈列的管理和维护

一、陈列管理和维护的范围

一些陈列师因为完成了一项橱窗的陈列或店内陈列就觉得如释重负了，一直到布置下一次橱窗和店内陈列才会再次感受自己的作品。这样的工作态度一定是不被接受和喜欢的。在完成自己的陈列设计布置后，有一些工作是要持续去做的，那就是陈列后的管理和维护。我们不妨先看一下陈列工作的主要范围和内容。

（1）新店开业工作程序。准备充足的商品陈列和相关陈列设备。

（2）店铺日常维护程序。日常陈列货品的更换和设备的检查。

（3）陈列指引程序。对一些陈列的准则和相关搭配，以及整体效果进行指导。

（4）陈列员工作程序。日常和特殊时期的调整和检查。

（5）陈列培训程序。对陈列师和营业员进行定期培训指导，尤其是总店对分店的陈列指导，以保证品牌的整体店面形象一致。

（6）店铺监督程序。对总店和分店实施定期检查，并随时根据具体销售情况更换陈列商品或对货架道具的维修。

从这些内容可以看出作为陈列师最重要的工作除了完成橱窗和店内陈列，那就是制订标准和维护了。

二、陈列管理和维护的细节事项

一般零售商都希望他们的店铺整洁干净，为一天的生意提供良好的场所。一般性的布局很容易在季节里运用和更新。每周陈列师在店内为营业员做出相应的培训指导，对于清理和整理的工作责任他们也是有义务的。所以陈列师制作一个如何维护视觉营销标准的小册子是个不错的指导方法。一些获得自主权的零售商或品牌自主权在销售团队中建立视觉营销组织会更容易些。

1. 橱窗

不定期地对橱窗的检查通常是费时费事，但对于保持橱窗陈列的标准来说是必要的。高级陈列师经常委托其下属完成这项工作，检查橱窗应该在清晨或一天结束营业的时候完成。通常需要同察秋毫的眼睛和记事本，最好是列一个清单，清楚那些问题需要注意，那些地方改更换或调整。通常有以下一些问题。

2. 灰尘和污物

有机玻璃这类带静电的材料容易吸附灰尘。喷雾器有助于减少灰尘的形成，但不能阻止灰尘。各个表面和地板也应该经常检查和擦拭。对于室内陈列的货架和货柜也是一样。

3. 倒下或损坏的道具

视觉陈列师不仅要检查模特衣架倒下这种显而易见的问题，也应该检查其他道具是否有移动过或人为改变位置的情况。看道具的细节是否有局部损坏和掉颜色的情况，尤其是固定于天花板的道具看是否固定的绳索和螺丝有所松动和磨损，如果有一定要及时更换否则可能会引起安全隐患。

4. 补充货物

补充货物最好在闭店时做，或是晚上。最迟也要在清晨开店之前。高规格的零售店是不会允许在营业时间将手推车或行车导轨推进营业区，既影响店内整洁又会影响消费者的购物情绪。其实现实中这项规矩被大多数零售商所遵循。除了商品和售价，顾客不应该被其他任何东西打扰。

5. 织物和模特

一般在橱窗里会有装饰用的织物品，其经过一段时间后可能会开始松弛、下垂导致与原有的造型产生变形，有时就必须重新整理织物。如果有褶皱效果的就更应该重新固定出褶纹，恢复原有形状。由于会长时间受到日光照射织物可能会退色最好用新的织物来更换掉退色的。因为消退的色彩可能会影响整个橱窗的效果。另外对于模特衣架的维护除了要应景的更换身上所穿的衣服，也要注意更换所佩戴的装饰，检查头发是否有松脱，所戴配件是否有损坏。

6. 植物

尽管人造植物会比真的植物省下不少心，但是时间一长，人造植物上的灰尘就会露出马脚。没有人愿意在逛店的同时也看到布满灰尘的植物，会给消费者留下不干净的印象。所以要经常擦拭植物，如果是真花的就需要浇水和护理以保证鲜花的观赏性。

7. 照明

不仅要对橱窗的照明布置仔细检查也要对室内的照明进行检查。因为时常会因为灯泡的损坏而影响卖场的购物环境。橱窗更是如此，如果不及时检查灯泡，一旦在晚上损坏而得不到及时修理，就会导致橱窗的照明受影响，那么整个橱窗展示可能就无法发挥其作用。严重时橱窗里就是一片黑影。有时整条轨道会发生短路，群组的灯泡和枝形吊灯要经常更换灯泡。另外还要检查安全隐患，以免在夜间因短路而引起火灾。

8. 预算

预算是一定要管理、安排妥当的。贵重的道具和完美的陈列都是需要具体人来负责的，在视觉营销上花重金也能使商店受益的。陈列项目确定预算是很重要的一部分工作，这不仅是说陈列前也是陈列完成后的考虑。因为预算涉及后期的维护费用，在做预算时往往容易忽略掉一些实际比预算耗费大的因素。例如粉刷的涂料和印刷的标识，经常比预算的开销大。有时需要外援专家的帮忙，也是需要支付费用的，所以做一个日开销额度的计划有助于工作的实施。如果一些精于打算的陈列师能善用一些旧的道具，那么会节约不少成本，当然，大多数时候道具都是新做的。所以尽量学会回收再利用。相对于橱窗，室内就要好很多，货柜一般都是能用较长时间的，不会随意更换。就是有些标识和图片会进行更换，另外就对地板的维护会需要一部分费用。

所以一个零售店是需要一个完整的陈列团队来帮助实现氛围的营造，也需要一个完善的维护团队。他们不仅要关心陈列实物本身也要关心整个陈列环境的有效长期的运作。这不仅是对陈列专业的要求也是对零售店面提出的要求，一个优秀的陈列团队是一定可以给零售商带来好的营业效果。

第四节　实际案例操作

一、方案设计阶段

设计师根据本季橱窗设计的定位，结合之前所做背景调查，对本季的流行趋势和本季所能采用的主题进行推敲。目的是让设计师对本季橱窗设计有全盘的了解。可以采用拼贴板的形式进行资料的罗列展示。

方案设计的相关步骤见表8-1，步骤一是灵感源收集，这个步骤有效的方式之一是头脑风暴。即通过设计师之间的思路碰撞，对设计元素的推敲，组合出一套完整的构思。这个过程强调的是提炼元素，利用元素来体现主题，橱窗设计由于具有及时性，要求设计的道具具有视觉冲击力，因此必须用最形象的元素来突出本季橱窗所要表现的主题。由于橱窗展示对受众的视觉停留时间非常短，因此要求橱窗主题元素数量要少，以免词不达意，过多的元素让受众无法在短时间内理解主题。例如在2010年春节国内某著名男装品牌展示设计中，集中采用风车和鞭炮作为主题，完美体现了春节的气氛。如图8-11中的代表图片。对于方案的元素确定是经过设计团队多方面收集信息整合而得到的。一旦方案被确定下来就不会轻易改变的，并且后面的设计都会依此而进行。

表8-1　方案设计的相关步骤

步骤一	灵感源收集
步骤二	确认色彩方案与主题色调
步骤三	设计主题综述
步骤四	设计细节整合
步骤五	设计草图与平面图
步骤六	设计推敲与讨论
步骤七	制作说明
步骤八	样品确认

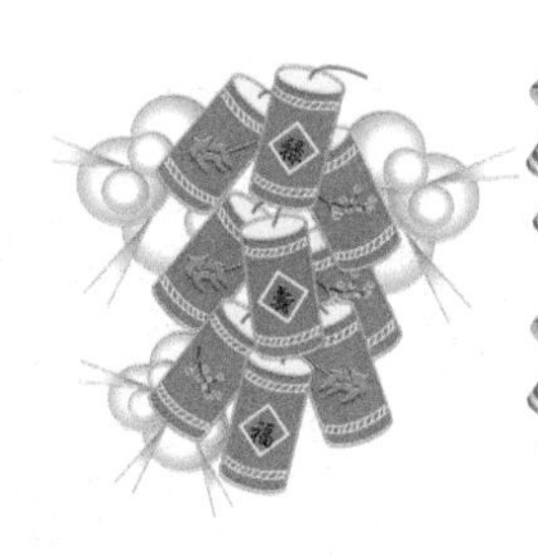

图8-11　确定方案中的重要表现元素鞭炮和风车

二、前期设计分析

在前期设计分析部分，主要包括三方面的内容。首先，要确认基本诉求，是对品牌橱窗展示设计展开前进行的资料收集工作，如罗列之前的设计案例、品牌文化的挖掘与展示方式的思考，展示主题与产品主题的关联性、展示周期和品牌主题活动的衔接、布展橱窗的条件分析、店铺的顾客类型分析等；第二，对相关品牌视觉营销现状进行分析，这里主要指的是对竞争品牌展示方式变化的跟踪和对参考品品牌进行的调研和设计元素收集，这项内容往往使我们的展示设计更加具有竞争力和可操作性；第三，制订完善的项目推进规划。这三项准备工作完毕后，我们就进入到具体细节实施阶段。某男装前期设计分析可参考图8-12～图8-16。

图8-12　某男装品牌在某销售区域的总店橱窗展示设计图

表 8-2 橱窗展示设计的时间进程表

序号	内容	起止时间	人员	完成情况
1	了解产品风格及以前相关资料	3/19 ～ 3/20		
2	相关竞争品牌橱窗风格搜集归类，并制作PPT	3/21 ～ 3/23		
3	与企业接洽，了解需求； 设计细节和灵感源、色彩搜集	3/24 ～ 3/25		
4	整合设计细节，草图（选定2～3个主题，每个主题3款草图）	3/26 ～ 3/31		
5	组员讨论，确定2～3个草图	4/1 ～ 4/3		
6	完成平面图，三维图制作	4/6 ～ 4/10		
7	设计推敲和改进，制作成册	4/11 ～ 4/19		
8	汇报与演示	4/20		

图 8-13 橱窗设计方案中对橱窗中局部背景板的图案设计应用和尺寸

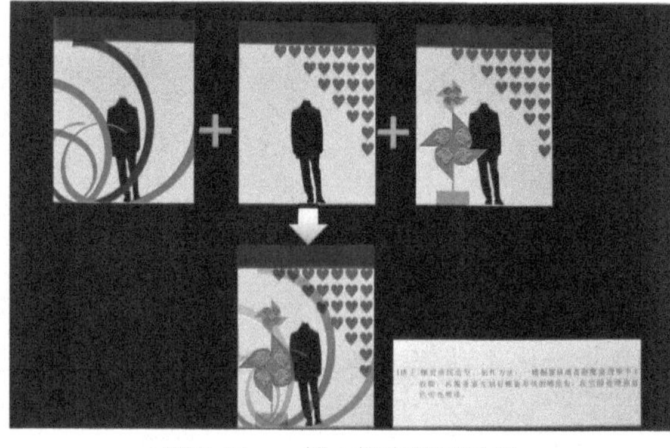

图 8-14 一楼小橱窗的设计图

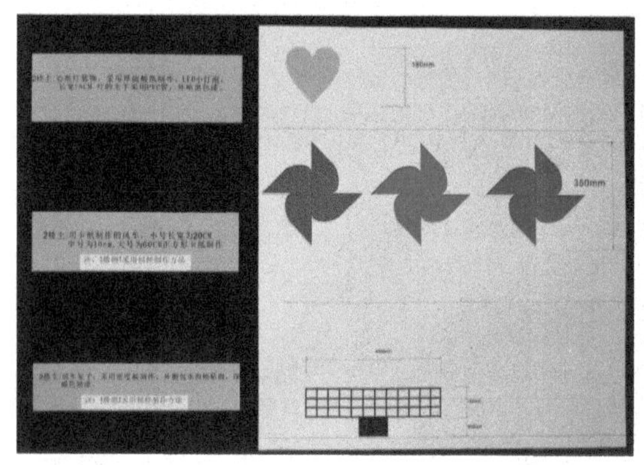

图 8-15 风车是该设计方案的重要元素之一

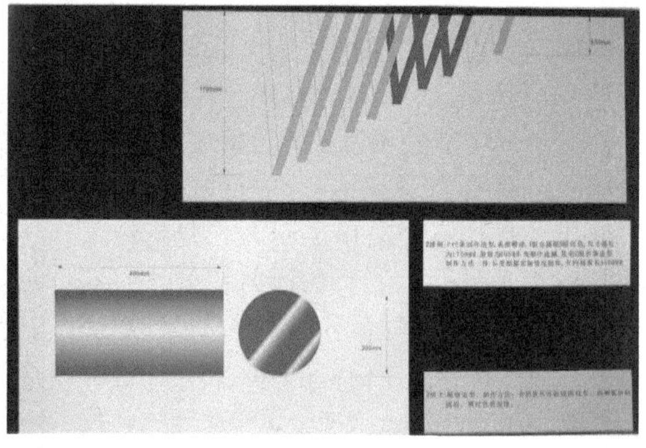

图 8-16 鞭炮也是重要元素之一

三、设计施工阶段

艺术的实现往往依赖于技术，所以任何设计都与商业、技术、工艺相互联系、依存。当所有前期的道具制作和背景图形制作妥当后就要正式进行施工安装了。设计师与施工人员的跨界合作会有很多细节需要共同探讨和处理，因此，施工人员与设计师要有充分的沟通以便确保设计最终的完美实现。在设计施工展开之前，我们必须考虑包括下面的一系列问题，事实上，任何细微的失误都将导致设计的失败。

1. 橱窗现场施工条件的限制

（1）是否有材料的限制，对于一些防火性能较差的材料要慎用。例如：弹力布，网眼布等。

（2）橱窗高度的限制，橱窗进深尺寸限制；尤其是对于有吊挂式装饰道具的橱窗必须在制作之前测量一次，在制作安装时需要二次测量。如遇紧急情况可以适当调整方案。

（3）颜色的限制，有一些橱窗本身就有固定的背景墙颜色和地板颜色，如需要大的变动，在施工之前就要有充分的准备，如果只是局部改变色彩就要考虑到颜色的整体搭配，包括与道具服装的搭配。

2. 产品区域划分

（1）产品。核心商品展示区域，次要商品展示区域，辅助商品展示区域。

（2）道具。核心道具（表现主题的），辅助道具（烘托气氛的），背景道具等。

3. 施工进度安排

（1）天花吊顶施工。工期较短，因橱窗大小和设计复杂程度而异，一般耗时1天。

（2）墙面施工。橱窗展示墙面一般都要进行处理，根据当季主题，进行墙面装饰，一般耗时1天。

（3）水电施工。耗时半天，依据照明要求安装。

（4）地面施工。耗时半天，本身地面是木板一般不做特殊处理，但是有些橱窗需要铺垫地毯。

（5）道具制作。利用其他场地制作，或外包或采购，应当在地面施工完成前完成。

（6）道具布置。地面施工完成后，安装道具，调整展品。

（7）模特穿衣。这个根据零售店的要求更换穿着当季服装具有可变性。

（8）照明布置。在基本完成的情况下可以安装照明设备了，由于之前本身就有照明，所以这个阶段重在调整和修正照明，将照明控制在本次设计的需要上，调整照明轨道。

（9）调整。对完成的整体橱窗陈列进行调整。

4. 具体施工阶段

（1）图纸校对。设计师与施工方进行设计图纸校对，对施工方的疑问进行答辩，让施工人员充分理解设计师的意图。

（2）施工人员。由设计师或客户方提供合格的施工队伍，该队伍必须具备装饰装修工程资质，人员配备包括泥工、水工、电工、管理人员。

（3）设备配备。设备包含常用装饰装修工具以外，还需要配备雕刻机、写真机、喷漆设备等常用的广告制作设备。

（4）进度设计。根据设计方案，对工程进度进行合理配置，一般顺序是天花吊顶施工→墙面施工→水电施工→地面施工→道具制作→道具布置→模特衣架→商品→照明。

（5）验收。验收工作由设计方和施工方共同完成，根据设计方案的要求，对施工质量和施工效果进行检验。验收合格，则合同完成；验收不合格，施工方有义务进行补救施工。

四、后期维护

后期的维护是确保橱窗展示期间的完整性和目标效果实现所必须的。具体内容包括保持展示构成要素的完整性；在相应节点过后迅速撤掉展示信息，如橱窗中情人节第二天的展示标语更新；每日的工作评估；自选商品的维持；商品的循环与及时更新；每7天更新陈列主题、模特及配饰；卖场货少时，尽可能做全身展示和搭配；及时更换过季的宣传品；店面陈列展示维护检查表；严格执行展示手册中的相关内容；视觉营销督导职位的设置等。

第一节　女装店面陈列方式

一、女装店服装陈列技巧的重要性

1. 给消费者搭配指引

服饰搭配既要传达品牌文化，亦需为消费者提供搭配指引，这是消费者的需要，也是女装品牌的需要。快速的形成搭配的“指向性”，最重要的部分在细节的处理，无论是模特的站位，还是与服装呼应的配饰：眼镜、手表、围巾、帽子、鞋子、各类包包……甚至其他能够产生消费导向的服装。

成功的搭配指引带来的最直接效果就是销售，人们在认同品牌风格的同时，即认同了品牌服饰搭配方法，在已经形成的认同感上促进连带销售。每个模特表现不同状态青年女性，位置设定上采用交叉站位，每个模特自成系列。但在配饰及色彩细节上呼应协调，形成整体搭配效果（如图9-1～图9-3）。消费者可以根据各模特服饰的搭配直接复制，从而拉近与消费者的距离，直接促进消费。

图9-1　整体搭配效果的陈列1

图9-2　整体搭配效果的陈列2

图9-3　整体搭配效果的陈列3

2. 气氛营造，强调叙事性

实现快速搭配时同样需要为橱窗塑造叙事性冲突，模特与模特之间通过服装搭配营造气氛，让模特之间产生关系，不至于松散，在服装细节上描述两者关系，如某件配饰的呼应，某个纹样的联系，模特之间动作的设置，营造模特之间的默契感（如图9-4～图9-6）。

图9-4 营造模特默契感的陈列1

图9-5 营造模特默契感的陈列2

图9-6 营造模特默契感的陈列3

3. 卖场陈列与服装搭配

卖场陈列方式与销售关系密切，分区域成系列的服装搭配陈列方式给消费者最直观的搭配效果呈现，整体风格协调统一，大色块错落有致，方便消费者选择，可促进连带销售。这是每一位合格的陈列设计师都了解的，但是如何快速地实现卖场空间区域划分、服装搭配、色彩分

图9-7 营造舒适购物环境的陈列1

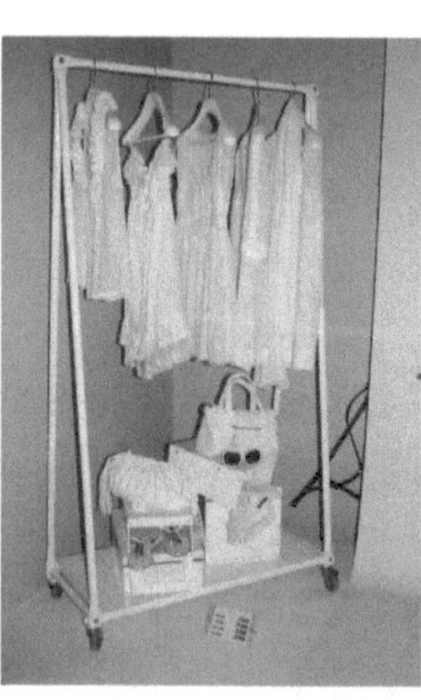

图9-8 营造舒适购物环境的陈列2

图9-9 营造舒适购物环境的陈列3

图9-10 营造舒适购物环境的陈列4

图9-11 营造舒适购物环境的陈列5

图9-12 营造舒适购物环境的陈列6

布，这就是一名陈列师所需要掌握和解决的。解决的方法之一，很简单，与橱窗的呼应。通过复制橱窗里服装的搭配方式，将卖场划分为不同的区域，以及不同的墙面、挂通陈列，再辅之以其他能够与之形成搭配的替换产品。一个快速、简便的卖场陈列即告完成。通过对服装的搭配和陈列的巧妙设计，服装店就可以最大程度的向顾客传达其品牌所包含的文化内涵，也可以充分展示服装的美感，在营造了舒适的购物环境的同时，也在不经意间提高了服装店的业绩(如图9-7～图9-12)。

二、陈列技巧

1. 主题陈列

给服饰陈列设置一个主题的陈列方法。主题应经常变换，以适应季节或特殊事件的需要。它能使专卖店创造独特的气氛，吸引顾客的注意力，进而起到促销商品的作用，如图9-13～图9-20，是某女装品牌以“派对女郎”为主题的陈列。

图9-13　主题陈列1

图9-14　主题陈列2

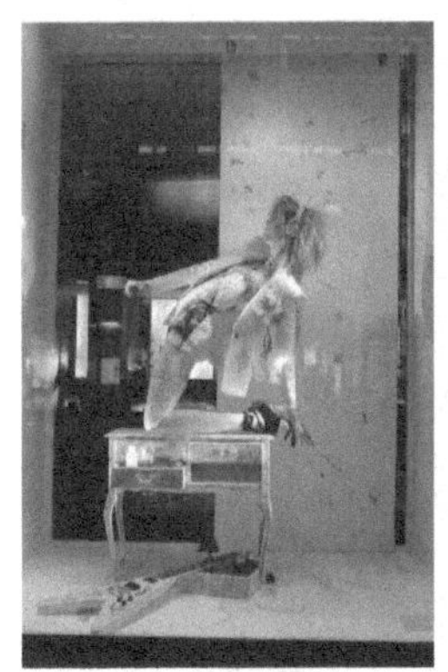

图9-15　主题陈列3

图9-16　主题陈列4

图9-17　主题陈列5

图9-18　主题陈列6

图9-19　主题陈列7

图9-20　主题陈列8

2. 整体陈列

将整套商品完整地向顾客展示，比如将全套服饰作为一个整体，用人体模特从头至脚完整地进行陈列。整体陈列形式能为顾客作整体设想，便于顾客的购买（如图9-21～图9-23）。

图9-21 整体陈列1

图9-22 整体陈列2

图9-23 整体陈列3

3. 整齐陈列

按货架的尺寸，确定商品长、宽、高的数值，将商品整齐地排列，突出商品的量感，从而给顾客一种刺激，整齐陈列的商品通常是店铺想大量推销给顾客的商品，或因季节性因素顾客购买量大、购买频率高的商品等（如图9-24～图9-31）。

图9-24 整齐陈列1

4. 随机陈列

就是将商品随机堆积的方法。它主要是适用于陈列特价商品，它是为了给顾客一种“特卖品即为便宜品”的印象。采用随机陈列法所使用的陈列用具，一般是圆形或四角形的网状筐，另外还要带有表示特价销售的提示牌（如图9-32～图9-36）。

图9-25 整齐陈列2

图9-26 整齐陈列3

图9-27 整齐陈列4

图9-28　整齐陈列5

图9-29　整齐陈列6

图9-30　整齐陈列7

图9-31　整齐陈列8

图9-32　随机陈列1

图9-33　随机陈列2

图9-34　随机陈列3

图9-35　随机陈列4

图9-36　随机陈列5

5. 盘式陈列

实际上是整齐陈列的变化，表现的也是商品的量感，一般为单款式多件排列有序地堆积，将装有商品的纸箱底部作盘状切开后留下来，然后以盘为单位堆积上去，这样可以加快服饰陈列速度，也在一定程度提示顾客可以成批购买（如图9-37～图9-39）。

图9-37　盘式陈列1

图9-38　盘式陈列2

图9-39　盘式陈列3

6. 定位陈列

指某些商品一经确定了位置陈列后，一般不再作变动。需定位陈列的商品通常是知名度高的名牌商品，顾客购买这些商品频率高、购买量大，所以需要对这些商品给予固定的位置来陈列，以方便顾客，尤其是老顾客（如图9-40～图9-43）。

图9-40　定位陈列1

图9-41　定位陈列2

图9-42　定位陈列3

图9-43　定位陈列4

7. 关联陈列

指将不同种类但相互补充的服饰陈列在一起。运用商品之间的互补性，可以使顾客在购买某商品后，也顺便购买旁边的商品。它可以使得专卖店的整体陈列多样化，也增加了顾客购买商品的概率。它的运用原则是商品必须互补，要打破各类商品间的区别，表现消费者生活实际需求（如图9-44～图9-46）。

图9-44　关联陈列1

图9-45　关联陈列2

图9-46　关联陈列3

8. 比较陈列

将相同商品按不同规格和数量予以分类，然后陈列在一起。它的目的是利用不同规格包装的商品之间价格上的差异来刺激他们的购买欲望，促使其因廉价而做出购买决策（如图9-47 ~图9-51）。

图9-47　比较陈列1

图9-48　比较陈列2

图9-49　比较陈列3

图9-50　比较陈列4

图9-51　比较陈列5

9. 分类陈列

根据商品质量、性能、特点和使用对象进行分类，向顾客展示的陈列方法。它可以方便顾客在不同的花色、质量、价格之间挑选比较（如图9-52～图9-56）。

图9-53 分类陈列1

图9-54 分类陈列2

图9-56 分类陈列3

图9-52 分类陈列4

图9-55 分类陈列5

10. 岛式陈列

在店铺入口处、中部或者底部不设置中央陈列架，而配置特殊陈列用的展台。它可以使顾客从四个方向观看到陈列的商品。岛式陈列的用具较多，常用的有平台或大型的网状货筐。岛式陈列的用具不能过高，太高的话，会影响整个店铺的空间视野，也会影响顾客从四个方向对岛式陈列的商品透视度（如图9-57～图9-61）。

图9-57　岛式陈列1

图9-58　岛式陈列2

图9-59　岛式陈列3

图9-60　岛式陈列4

图9-61　岛式陈列5

第二节　男装店面陈列方式

一、男装陈列的要点

男装陈列在服装陈列中是最简单也是最容易的，简单体现在它的陈列不需要很多花样，但是得能体现产品的特点；复杂是因为它在基本陈列时候要注重创新，为了更好地吸引消费者的眼球，而且要体现它大气磅礴、高雅尊贵的特点。男装在很多时候体现的是种简约休闲、沉着稳重的风格，在店铺陈列当中要注意遵循服装风格和品牌文化诉求。

在男装陈列时要注意以下要点。

图9-62　正装陈列1

1. 休闲装和正装分区

一般对于男装来说，大的风格的划分主要是休闲风格和正统风格，分区要合理，这样做体现的是整齐大气的感觉，如果衣服混杂的放置和陈设，将会给消费者带来低档的感觉，损害品牌的形象。对于不同的季节，休闲服装和正统服装的区位也有所不同，要根据季节和货柜的位置适当的陈列（如图9-62 ~图9-70）。

2. 男装陈列店面要宽敞干净

店面的宽敞干净给消费者的感觉是整洁舒适高档，拥挤的环境给顾客带来压抑的购物氛围，在宽敞的环境里顾客的感觉要自由、轻松一点，顾客挑选和观看衣服也会比较方便一点。在店铺里面适当可以搞个休息区，放置沙发、茶几等家具，给顾客以温馨的感觉（如图9-71 ~图9-74）。色彩、款式搭配要和谐，这是店铺服装要做的重点，但是很多店铺忽略这个细节，可能和导购的专业水平有关。像有些店铺陈列西服的时候，里面很容易忘记搭配衬衫和领带，整个货柜的陈列色彩比较偏暗，如果在西服里面陈列衬衫和领带，不仅有明暗对比，色彩明朗，也能促进领带和衬衫的附加销售（如图9-75、图9-76）。还有的店铺，休闲裤下面放置一双正统鞋，这对有些顾客来说，容易造成他们对这个品牌服装的“另眼相看”，会感觉品牌的品位有问题，衣服在陈列时候要什么样风格的产品搭配同样风格的服饰品。

图9-63　正装陈列2

图9-64　正装陈列3

图9-65　正装陈列4

图9-66　休闲装陈列1

图9-67　休闲装陈列2

图9-68　休闲装陈列3

图9-69　休闲装陈列4

图9-70　休闲装陈列5

图9-71　有休息区的陈列1

图9-72　有休息区的陈列2

图9-73　有休息区的陈列3

图9-74　有休息区的陈列4

图9-75　搭配衬衫和领带的西装陈列1

图9-76　搭配衬衫和领带的西装陈列2

3. 橱窗展示要醒目

对于橱窗来说，它是店铺的眼睛，更是店铺的形象代言，橱窗陈设精致，模特穿衣完美，会给顾客留下美好的印象，记住你这个品牌，顾客当时如果没有进店买衣服，但以后是可能的。像一些世界顶级的男装品牌它们的橱窗为它们带来不少效果，它们很好地将品牌广告打出去，并有效带动店铺里产品的销售（如图9-77～图9-80）。

图9-77　醒目的橱窗陈列1

4. 焦点区位的合理应用

在顾客进入店铺时，顾客的正对面和顾客进店的右手边的展示墙，是顾客眼光最容易看到的区域，也是店铺销售很好的区域，在这样的区域，要陈列应季的新品、特色的货品、主推的货品或促销的货品，这样可以全面的提升销售量。根据笔者的经验，要做某种具体品牌定位的男装陈列一定要学会通过陈列手法来表现产品的价值感，这非常很重要。如果要表现产品的价值感，首先应营造一

图9-78　醒目的橱窗陈列2

图9-79　醒目的橱窗陈列3

图9-80　醒目的橱窗陈列4

个良好的店面陈列氛围。从店面灯光、产品的货组陈列规划、色彩安置、甚至产品货品陈列的整齐度、平衡感及产品良好的熨烫（男装对这方面要求很高）等等，都能表现产品的价值感。这方面的细节做得好，产品的价值感就能提升，而且很显著（如图9-81～图9-83）。有关男装陈列的基本手法，每个品牌都不一样，但一定要注意产品系列、平衡对称、色系、搭配、多样化、重复出样、故事表达等方面的问题。鉴于我们国内男装品牌运营的现状，订货的时候代理商是不太可能所有的货品都会订，的确会造成店铺货品难以成系列或者主题。一方面销售部门订货政策及货品管理上要有约束。另一方面还要看陈列师的店铺后期货品陈列整合能力。其实除了刚上货的时候产品较为齐全，一个店铺一年大部分的时间里店铺的货品受各种因素的影响都会出现货品不成系列。但我们可以通过店铺现有货品二次组合来解决货品不成系列的问题，当然对陈列能力可能会是个挑战。

图9-81 注重细节的陈列1

图9-82 注重细节的陈列2

图9-83 注重细节的陈列3

二、男装陈列的原则

按照从上到下、由小到大的顺序，男装陈列原则为：分列化、平衡化、色系化、立体化、多样化。采用这些原则是为了从整体角度安排各系列产品；给予特色产品最显耀的位置；恰当处理一系列颜色搭配。这些原则既是陈列计划的开端，也是最终目的——将陈列基础同陈列工具相结合，创造最完美的视觉效果。在最终的陈列中，这五个原则会很大程度上相互重叠，融为一体，然而在作陈列计划的过程中，每个原则单独考虑，正如下所述。

图9-84

1. 分列化

分列化是展示的坚实基础，它为陈列提供了易懂、易设计的框架。宽列为三件衬衫的宽度；窄列为一件西服的宽度；宽列为窄列相间排列以致平衡。

2. 平衡化

采用平衡的原则可有条不紊的布置产品，传递一致的视觉效果。首先确定中心，然后两边对称排列；平衡的原则贯穿于整个墙面和每一方平面（如图9-84）。

3. 色系化

有序的色彩主题给整个店堂主题鲜明、井然有序的视觉效果和强烈的冲击力（如图9-85）。

（1）单色色块同印花色块相间隔，方便顾客区分产品。

（2）暗色与亮色相结合，突出重点产品。

（3）采用对比色和渐进色的手法创造视觉冲击。

4. 立体化

采用不同的陈列用品，使整个陈列面具有立体感。采用宽窄侧挂钩相结合变化陈列面；选用同服装相配套的搁板，并同上下相一致；采用长短正面挂钩相结合，以致陈列面深浅错落的效果（如图9-86）。

5. 多样化

整体效果的多样化，使消费者获得丰富的趣味性的视觉享受后产生购买的欲望。正挂、侧挂、叠放有机结合；衣服、配件相结合以使形状多元化；叠装的合理布置产生以颜色色块和立体图案来分割整个陈列面的效果（如图9-87）。

图9-85

图9-86

图9-87

三、男装陈列的方法

在店铺空间、货架不可变的情况下产品陈列主要从六个方面去展开。

1. 产品的设计主题及系列

每一个单一货架只陈列同一系列的产品。同一系列产品建议不要陈列在同一个大的陈列面上，这样看起来整体效果较好，但是没有变化。顾客在挑选产品时因同一系列产品几个货架过于靠近及产品色彩、风格相似度较高，容易形成视觉模糊，没有跳跃感（每个品牌货架都不一样，只是一种建议），可参考图9-88～图9-90。

图9-88 主体化及系列化的陈列1

图9-89 主体化及系列化的陈列2

图9-90 主体化及系列化的陈列3

2. 产品的上货波段

产品的第一波段上市时，尽量做到同一系列放在同一货架上，每两波段或第三波段上货后可与第一波段产品在同一系列范围内进行重新调整。

3. 产品的色系

产品的色系规划是陈列的基本要素，同一色系要陈列在同一货架上，为了让陈列色彩有冲击力。建议每个货架产品陈列时，寻找无色系进行过渡，特别是对白色与黑色的运用。尽量做到每个单一陈列货架都有亮点（如图9-91、图9-92）。

图9-91 色系化的陈列1

图9-92 色系化的陈列2

4. 产品的平衡对称

陈列单一货架时首先要考虑产品的款式、色彩、面料、款式数量、款式的长短等之间的平衡性（如图9-93、图9-94）。

5. 产品的搭配性

陈列产品要注意陈列货品在左右产品之间的可搭配性及互补，如单一成套搭配及多样化搭配（如图9-95～图9-97）。

6. 产品的重复出样

产品的“同色同款两件出样”是目前国际品牌经常采用的货品陈列方式，陈列的效果很好，能很好地表现产品的品质及价值感等。品牌定位较高，可以考虑采用这种货品陈列方法。如果店铺货架能容下足够的“同色同款两件出样”产品数量，建议做“同色同款两件出样”，如果店铺货架的容量小，那建议做单款出样，但也要注意寻找每个单款之间从款式、色彩、到

图9-93　平衡对称的陈列1

图9-94　平衡对称的陈列2

图9-95　搭配性的陈列1

图9-96　搭配性的陈列2

图9-97　搭配性的陈列3

面料之间的协调性与平衡性。尽量做到"同色不同款两件出样"特别是当单款无法与其他款式在款式、色彩、面料上不能协调时，最好这个款式做"同色同款两件出样"，以达到产品陈列的整体效果。

四、男装陈列的道具使用

1. 运用店铺现成的道具

陈列有时是不太花成本的，看你是否能多动脑筋，比如手提袋、衣架、衬衫盒还有产品配件等都是你的道具，考验的是你二次创新能力及动手能力（如图9-98～图9-101）。

图9-98　运用道具的陈列1

图9-99　运用道具的陈列2

图9-100　运用道具的陈列3

图9-101　运用道具的陈列4

2. 道具是点缀作用

道具能让产品更出彩，一个道具陈列的好坏有两个基本标准：看是否能帮助产品更好地发挥产品的表现力及所表达的故事意境（如图9-102、图9-103）。如果没有建议不要用。

图9-102　起点缀作用的道具1

图9-103　起点缀作用的道具2

3. 禁止买现成的陈列道具

这是真正懂得做视觉陈列的人最大禁忌。

4. 在公司里把陈列做得强势

对店铺终端有真正实际的帮助和提高，让经营管理者重视陈列。才能争取到更多的陈列基金。

第三节　童装店面陈列方式

目前，国内童装陈列渐渐开始了正规化的层面。从销售上来看，童装陈列的不仅要在色彩语言运用、道具的肢体语言上吸引儿童，更重要的是要在情感上得到儿童父母们的认可；而从美学陈列的角度来看，童装陈列只需要注重儿童的色彩喜好就可以了。在童装的实际陈列操作当中，一般都采取两种方式共同运用。对于童装品牌来说，陈列方案在选择运用陈列的技术属性上，还是要看其陈列的主题与品牌的定位。

童装的陈列现在在国内外发展得都十分迅速，所采用的方法也是别出心裁，其对品牌自身的市场销售、品牌文化的传播都带来了十分好的效果。下面就介绍几种典型的童装店面陈列方式。

一、陈列的琴键式布置

琴键陈列方式主要是针对儿童的心理特点进行的一种陈列方法，运用琴键的节奏感来表达，这种展示方法可以更好地传递出服装款式和服装品牌的年龄消费层。例如可以巧妙运用琴键式布置，通过层次陈列法表现出各自不同的效果，充分体现出色彩语言的巧妙运用。这种陈列方式不要把色系分得太死板，卖场的左右冷暖色调要协调好，色调不足的地方可以加入灯光进行补充。为营造服装展示效果气氛，对设计的装置结构应在实际操作中充分体现服装产品展示的辅助作用。展示空间营造的要合理、顺畅、有很强的引导性。现在的营销观念更强调的是消费者的心理感受，他们购物需要充足的自由空间，自主选择，而增强引导性因素参与店内销售行为，更能隐性地加强销售力度（如图9-104、图9-105）。

图9-104　琴键式的布置1

图9-105　琴键式的布置2

二、陈列的重点款式推荐

童装突显陈列方式是突出表现其所要重点推荐的服装款式的一种陈列方法，也是主要进行童装品牌推广的一种陈列方法。其使用的道具在造型上要能够表现儿童的形态特点。重点陈列法在运用上表现的动作都是儿童在生活当中的一些姿势造型，这些都能够体现出其丰富的生活状态，能够有效的勾起儿童与儿童父母的想象，刺激他们的购买欲望。比如可以是利用这种方法进行陈列的，其模特与其他陈列道具的肢体语言在造型上、表情上要更丰富，这样才能让陈列方案在实施过程中表现得更好。货品展示风格独特别致、特点突出。这不仅使品牌形象变得个性鲜明，还将丰富产品的外在形象，渲染品牌的感染力（如图9-106～图9-108）。

图9-106　重点款式的推荐1

图9-107　重点款式的推荐2

图9-108　重点款式的推荐3

三、陈列的品牌主题表达

童装的主题陈列法的使用仅次于重点陈列法。其陈列与展示的目的是宣扬品牌独特的设计理念与对儿童心理的表现。在操作过程中，陈列师可以运用与重点陈列法相结合的方式。在表现的形式上也都是采取与重点陈列方法一起使用，并且配合店堂里卖场陈列使用。这主要是根据童装的品牌在经营观念与陈列方法上的结合，陈列师可根据自己的实际进行选用。主题陈列法在童装的橱窗陈列当中体现的形式有多种，如图表达的就是一组运动主题，这种陈列在运用时陈列师要结合不同的季节、不同的陈列主题做调整。从而在视觉上对消费者与观赏者产生震动，激发其购买的欲望。

例如表达一种欢快的节日喜庆主题。让消费者从不同角度观看到的图形都能够对其产生强烈的视觉冲击作用，达到陈列展示的最佳效果。当然，对于不同的节日，要采取不同节日主题的陈列，在欧美国家，圣诞节是各品牌店铺的陈列重点。在国内，春节也是节日陈列的重点。针对不同节日的不同陈列方案设计主要是体现节日文化的特点，并且根据节日的色彩进行店堂环境的改变，就会达到节日主题陈列的作用。节日主题陈列要注意以下几点。

1. 灯光要点

节日最好的道具就是利用灯光进行气氛的烘托，明确节日的气氛主题。这样就会使陈列的效果达到事半功倍（如图9-109 ~图9-111）。

图9-109　品牌主题的表达1

图9-110　品牌主题的表达2

图9-111　品牌主题的表达3

2. 道具的选用上要体现节日的特点

这是对主题陈列道具的要求（如图9-112 ~图9-116）。

图9-112　体现节日特点的陈列1

图9-113　体现节日特点的陈列2

图9-114　体现节日特点的陈列3

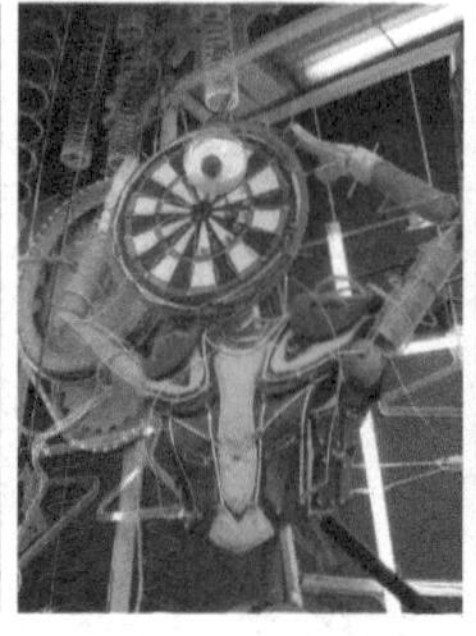
图9-115　体现节日特点的陈列4

图9-116　体现节日特点的陈列5

3. 色彩的表现要符合节日主题文化思想

这是对色彩的要求（如图9-117 ~图9-119）。

图9-117　表现节日色彩的陈列1

图9-118　表现节日色彩的陈列2

图9-119　表现节日色彩的陈列3

四、陈列的童趣生活模拟

图9-120　体现童趣的陈列1

童装的生活展示主要是模仿儿童在生活当中各种可爱的造型与动作，此陈列的效果是非常好的。在运用的时候也能够充分体现出陈列师的设计创新点。生活化的陈列展示对于道具的选用与场景的设计要求较高，这要求陈列师在进行陈列方案设计的时候就需要提前对道具与场景进行必要的设计，以满足陈列的需要。生活化陈列是童装陈列中的一个非常具有代表性的陈列，充满童趣的体现能够让陈列更加的具有活力与生命力。童趣生活的陈列是运用儿童的生活道具进行模拟儿童生活实景的一种陈列方式。在运用的手法上一般是比喻儿童的各种表情与生活姿势进行。这种方式能够增加儿童的认同感和归属感，达到儿童对该品牌的喜爱（如图9-120 ~图9-123）。

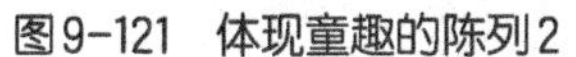

图9-121　体现童趣的陈列2　　图9-122　体现童趣的陈列3　　图9-123　体现童趣的陈列4

相对来说，童装的陈列是最容易让人懂的，因为对儿童的心理分析要比成人更简单一些，表现形式上更加直观些，并不需要追求太多像成人服装表现的生活内涵或者意境。欧美近几年的童装陈列在表现形式与内容上都在向着艺术化与内涵方向发展。

第四节　内衣店面陈列方式

一、内衣陈列的要求、标准

1. 陈列区域排列整齐

即使是不同种类的产品，也要求在视觉上陈列面的外形是方正的轮廓，这有利于吸引消费者同时又能体现出品牌的气势。将产品摆放整齐形成一个面，让消费者从远处就能看到（如图9-124）。

2. 要保证单一产品的足够陈列面积

单一产品的大面积陈列带来的销售比同一陈列面积下多种产品的销售效果要好。一个品种的产品陈列面积太小不容易对消费者产生吸引，更不容易让消费者产生信赖（如图9-125、图9-126）。

图9-124

图9-125　大面积的陈列1

图9-126　大面积的陈列2

3. 将最好销的品种或主推产品放在最好的陈列面上

最佳陈列位是与视觉高度平衡的地方。俯视或仰视的角度越大位置就相对越偏（如图9-127）。

4. 产品的排列原则

产品的排列要按照上小下大，上轻下重，邻近的颜色排列在一起，逐步色彩过度的原则（如图9-128）。

图9-127

图9-128

5. 根据产品出厂日期及时调整陈列

产品陈列要将时间靠前的产品放在前排以保持产品的正常流转。如果不注意先出厂先销售原则，往往会成为积压。

6. 货签要对位

商品与价格签一一对位，价格签包括POP、价格立牌、贴签等标明商品价格或性能的标识。

二、内衣陈列的方法

1. 主题陈列

给内衣陈列设置一个主题的陈列方法。主题应经常变换，以适应季节或特殊事件的需要。它能使专卖店创造独特的气氛，吸引顾客的注意力，进而起到促销商品的作用。

2. 整体陈列

将整套商品完整地向顾客展示，比如将全套内衣作为一个整体，用人体模特从头至脚完整地进行陈列。整体陈列形式能为顾客作整体设想，便利顾客的购买。

3. 整齐陈列

按货架的尺寸，确定商品长、宽、高的数值，将商品整齐地排列，突出商品的量感，从而给顾客一种刺激，整齐陈列的商品通常是店铺想大量推销给顾客的商品，或因季节性因素顾客购买量大、购买频率高的商品等（如图9-129）。

图9-129

4. 随机陈列

就是将商品随机堆积的方法。它主要是适用于陈列特价商品，它是为了给顾客一种“特卖品即为便宜品”的印象。采用随机陈列法所使用的陈列用具，一般是圆形或四角形的网状框，另外还要带有表示特价销售的提示牌。

5. 盘式陈列

实际上是整齐陈列的变化，表现的也是商品的量感，一般为单款式多件排列有序地堆积，将装有商品的纸箱底部作盘状切开后留下来，然后以盘为单位堆积上去，这样可以加快内衣陈列速度，也在一定程度提示顾客可以成批购买。

6. 定位陈列

指某些商品一经确定了位置陈列后，一般不再作变动。需定位陈列的商品通常是知名度高的名牌商品，顾客购买这些商品频率高、购买量大，所以需要对这些商品给予固定的位置来陈列，以方便顾客，尤其是老顾客。

7. 关联陈列

指将不同种类但相互补充的内衣陈列在一起。运用商品之间的互补性，可以使顾客在购买某商品后，也顺便购买旁边的商品。它可以使得专卖店的整体陈列多样化，也增加了顾客购买商品的概率。它的运用原则是商品必须互补，要打破各类商品间的区别，表现消费者生活实际需求。

8. 比较陈列

将相同商品按不同规格和数量予以分类，然后陈列在一起。它的目的是利用不同规格包装的商品之间价格上的差异来刺激他们的购买欲望，促使其因廉价而做出购买决策。

9. 分类陈列

根据商品质量、性能、特点和使用对象进行分类，向顾客展示的陈列方法。它可以方便顾客在不同的花色、质量、价格之间挑选比较。

10. 岛式陈列

在店铺入口处、中部或者底部不设置中央陈列架，而配置特殊陈列用的展台。它可以使顾客从四个方向观看到陈列的商品。岛式陈列的用具较多，常用的有平台或大型的网状货筐。岛式陈列的用具不能过高，否则会影响整个店铺的空间视野，也会影响顾客从四个方向对岛式陈列的商品透视度（如图9-130）。

图9-130

三、内衣陈列的注意事项

1. 同一款式陈列的数量不宜过多

内衣店的陈列面积有限，每款内衣陈列的数量不宜过多。特别需要注意的是，顾客在选购内衣时都有这样一种心思：同样的内衣，她会挑新一些的欣赏。欣赏选购的人数和次数多了，就会导致污损。内衣污损会影响顾客欣赏和购买的情绪。一般来说，小型的女士内衣店，衣钩上摆放的单品内衣应以两三件为宜。如果想在狭小的面积内尽可能多地摆放一些内衣款式，衣钩上可以只摆放两件供顾客挑选，顾客如果有购买意愿，可从库存中调取崭新的内衣销售给顾客。

2. 搞好内衣陈列

由于内衣店顾客众多，有些顾客取下内衣就很少再放回原来的位置。如果出现内衣摆放错位的情况，导购要及时将错放的内衣归位，以免顾客找不到该款内衣。对于内衣店货品摆放杂乱的现象，一般情况下，内衣店导购应该做到“四勤”，即嘴勤、眼勤、手勤、脚勤，并做到“三快”，即新款内衣上架快、销售补充快、凌乱整理快。

3. 陈列常变常新

一个有活力、有生命力的内衣店，每天给顾客的感觉都是新的。购进新款内衣是内衣店保持新鲜感的一个重要手段，对于大型内衣店来说，每天有新款到店是很容易做到的，但对个体内衣店来说，要做到这一点则非常困难。在这种情况下，如何使内衣店保持新鲜感呢，其中重要的一点就是增加内衣陈列的方式，经常调整内衣陈列布置，经常更换内衣，这都给人耳目一新的感觉，吸引顾客经常光顾。

第五节　运动休闲装店面陈列方式

运动休闲品牌的卖场一般采用街面上的专卖店和商场里的专柜形式。运动休闲品牌卖场陈列的商品十分多样：衣服、鞋子、帽子、袜子、各种包等，还包括各种运动休闲用品如篮球、足球等。对于运动休闲品牌的陈列而言，最主要的是突出“运动休闲”这一主题元素，否则与其他服饰的陈列没有区别，因此卖场的各种要素必须围绕“运动休闲”来设计和应用。运动休闲品牌卖场的陈列，多以弘扬体育精神，人类超越自我、挑战极限的气魄和健康充满活力的生活态度，一般以体育明星或偶像明星为形象代言人，以迎合消费者的崇拜心理，因此卖场内的POP真人大多是体育明星或偶像明星。常常因为某一运动休闲风潮的兴起，其陈列主题内容随之变化。例如在世界杯的浪潮来临时，我们可以看见各个休闲运动品牌卖场都围绕这个主题展示陈列开来。运动休闲品牌卖场陈列时，男女分区明显，并且应将产品与体育运动项目对应，进行系列化分类，注重主题风格，色彩运用，展示手法的多样性，塑造自己的特点。

一、陈列的基本步骤

进行陈列设计以前，先要明确陈列设计要点。

（1）男女分区明显，按系列进行摆放，做好色彩搭配。

（2）商品显而易见，方便拿放，做好配件的关联陈列。

（3）简洁明了，合理有序，树立主题，突出重点，表现出“运动”感。

（4）因时因事地及时调整主题，突出品牌形象和品牌风格。

二、陈列方式和方法技巧

1. 服装陈列的出样方式

（1）正挂陈列。正挂就是服装商品以正面展示的一种挂样方式。正挂陈列能充分展示服装的款式细节，还可以进行搭配陈列，容易形成视觉冲击，吸引顾客注意力（如图9-131、图9-132）。

运动休闲品牌卖场的货架正挂一般每杆只挂一个款式的不同色彩或者尺码。同色同款服饰应相邻挂列2～3件，每杆服装数量为3～6件，而且品牌档次越高，出样数量越小。正挂的杆架一般是稍向前倾斜的，方便后面服装也能显露。

正挂的服装由外向内，由近到远，其色彩渐变由浅到深，尺码由小到大。注意正挂商品应与地面有一定的距离，不同服装要求不一，最低的不少于15厘米。衣架挂钩缺口一律朝向内。

（2）侧挂陈列。侧挂就是将服装呈侧面展示的挂样方式。侧挂可表现所展商品颜色变化和款式层次。它的特点是具有类比功能，方便顾客挑选，而且排列量大，较节省空间。缺点是不能展现服装全貌，因此侧挂常与正挂配合同时出样，同时也增加了视觉的趣味性（如图9-133）。

图9-131 正挂陈列1

图9-132 正挂陈列2

图9-133

侧挂时同系列的服装陈列在一起，由前到后，由近到远，颜色由深到浅，尺码由小到大。在运动品牌店内，一个款式的侧挂往往只采用一个尺寸，其他尺码将由折叠出样；侧挂商品正面朝向主通道入口方向，最后一件应调整方向显露正面；同款同色服装应连续出样2～3件，服装间距应该在5厘米左右比较合适，最低距地高度15厘米；注意一组杆架的色系和款式安排，例如在整体长度均匀时候，穿插几个变化长度，以避免单调，体现动感。

（3）折叠陈列。折叠陈列（也称叠装陈列）就是将服装折叠成一定形状在叠放一起的出样方式。叠装最大的特点是陈列量大，具有储存作用。并且由叠装形成的色块能增加卖场的立体感和层次感。其缺点是只能看到局部的款式与色彩，并且整理起来较费时（如图9-134）。

叠装常与挂装配合，不仅能起视觉上的间隔作用，同时也方便顾客试衣挑选；运动休闲品牌卖场内折叠方式主要在货架层板和中岛柜台上展示服装，一个陈列单元以3～4件为宜，一般同色为主，也有不同色以强调色彩的活跃感；同类同系列产品陈列于同一区域。一组叠装尺寸若不相同，则自上而下，由小至大；要合理地安排叠装陈列色块的变化，使其具有节奏和韵律感；在叠装区域附近设置人台展示，可突出相应的主打产品，并注意配合宣传性的POP广告。

（4）人模陈列。利用人台模特直接展示服装穿着效果，这种形式更容易引起顾客注意。缺点是占用面积大，穿脱不便。人模出样注意服装搭配，出样服装往往是代表品牌形象或者当季主打的服装产品。门面的人模陈列可以招引顾客进入卖场，卖场内部的人模则可以展示系列陈列的典型款式（如图9-135、图9-136）。

人模出样一般以2～3人台为一组，需因地因时地安排人台的配置，不同人台要有关联性；一组出样要成套成系列，要注意附近配合其他陈列方式，配件和道具要齐全，灯光角度和

图9-134

图9-135 人模陈列1

图9-136 人模陈列2

强度要合适；出样尺码要合适，外观整洁，无折痕；人台位置一般为门面附近或者卖场区域中的焦点位置，这样能更好地达到其展示效果；所用人模的肤色、姿态、表情等要与服装相宜，表现运动主题。

值得一提的是运动卖场内往往运用意象型人头模型用来展示各种休闲运动帽。

（5）其他形式。除了正挂、侧挂、折叠、人模这4种主要陈列出样形式外，还有平铺式、悬挂式、壁贴式等其他形式。平铺是将服装商品平铺展开放于展台上，能充分展示服装的色彩与款式，缺点是占用面积大，一般配合模特和挂装出样；悬挂出样在充分展示服装的同时，也给人动感和新鲜感；壁贴式是用小针、图钉等将服装固定在立面展墙或展板上，可以摆出不同姿态，生动活泼。

各种陈列出样方式各有各的优缺点，运动休闲品牌需根据各自的品牌风格与定位，合理安排陈列方式及其组合成列，达到卖场陈列展示的丰富性与协调性，表现其不同的运动品位（如图9-137、图9-138）。

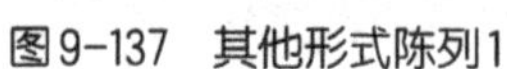

图9-137 其他形式陈列1

图9-138 其他形式陈列2

2. 特殊展品的出样

（1）鞋子的出样。运动休闲鞋是运动休闲品牌卖场不可或缺的商品，可能在其他品牌卖场鞋子只属于服装配件范围，但是运动休闲鞋可是运动休闲品牌卖场的主力产品，对于某些运动休闲品牌，它们鞋子的销售额时常占了大部分，还有些卖场单独经营运动休闲鞋销售的（如图9-139、图9-140）。

在运动休闲品牌卖场中，个别的知名品牌为了体现品牌风格与品位，偶尔会采用橱柜的形

图9-139　鞋子陈列1

图9-140　鞋子陈列2

式陈列运动休闲鞋。而大部分情况下鞋子是陈列在鞋墙上的鞋托，有的鞋墙中间有一两层的隔板可作为突出陈列。也有不少采用在鞋墙上全部层板出样形式，具有明显的层次感。

鞋墙区域的划分一般按照运动休闲鞋类别竖向分区，有跑鞋、篮球鞋、足球鞋、平板鞋等。注意整体的色系安排，运用形式美法体现运动感和层次感。根据人体工程学的原理，鞋墙中间高度在80 ~ 180厘米应该陈列主打产品或者新品，这也是鞋墙上的隔板在中间位置的主要原因。同时按照顾客的视觉习惯，靠近主通道入口方向的位置应安排当季畅销品；出样时鞋头朝向主通道人流方向（如图9-141）。

图9-141

一般的鞋托为正托形式，若是给予一两双鞋采用斜托的形式，就很容易地增加了整个鞋墙运动感，避免了形式上的单板。此时，采用斜托形式的鞋子必须是品牌的经典款式或者主推产品。

以海报形式的POP广告经常运用到鞋墙，各种展现运动姿态的海报画面，使人产生联想，以促进销售。有的鞋墙是整个墙面就是一张海报画面，有的是将海报贴于中部，有分区的作用。

（2）配件的出样。服饰配件陈列直接影响了销售业绩，同时对品牌形象的塑造也起着不可或缺的作用。运动休闲品牌卖场内常规的配件有帽子、包类、球类、袜子、护腕、护膝、头巾等，它们具有样式多，体积小的特点。

配件陈列时注重整体感和层次感，适当地采用重复陈列可增加视觉冲击力。

大部分配件可固定在一组货架区域内展示，很多情况下是安排在收银台附近可方便连带购买；帽子、包类、球类可与服装与鞋子搭配摆放，应注意搭配展示必须是有关联性的系列陈列；配件与人模搭配出样的运用较多，通常模特展示多得有配件进行系列搭配，形成完整性（如图9-142、图9-143）。

图9-142 搭配配件的陈列1

图9-143 搭配配件的陈列2

3. 陈列组合方式

卖场的商品不能单独的在那陈列，也不可能全部使用同一出样形式。我们需要陈列组合来展示商品，树立主题，突出重点，展现整个品牌卖场风格，表现出各品牌的“运动休闲”特色。

从形式美法则角度，有陈列组合形式主要有对称法、均衡法、平衡对称、重复法这几种。

（1）对称法。对称法是中心轴两边采用相同或者相似的排列方式，有完全对称和近似对称之分。这种组合方式给人平稳、规律的感觉。其中完全对称的方式过于安整，没有变化，没有生气，过多运用容易给人呆板的感觉。而且实际中某些情况下难以形成完全对称。而在完全对称的基础上适当调节某些细节，形成的近似对称运用较多，它避免了死板感，又有规律感，实际运用较多。对称法不仅适合一个货架，也适合整个卖场，比如卖场男女分区的对称性（如图9-144、图9-145）。

图9-144 对称陈列1

图9-145 对称陈列2

（2）均衡法。均衡是在卖场陈列空间范围内，使视觉内的各个形式要素保持一种平衡关系，是自然界普遍存在的一种安定状态，也是一种人们在审美心理上追求视觉感受的本能；均衡法打破了对称的格局，通过对服装、饰品的陈列方式、位置的精心安排，重新获得一种新的平衡。

在变化中实现平衡感就是它最大的要求，可以说它带给人们“平衡的动感”（如图9-146）。

（3）平衡对称。在实际运用中，对称法和均衡法是有很大联系的，将这两者结合起来，可形成平衡对称。它即包括色彩、空间的平衡，又包括空间及空间内容的（相似）对称。平衡对称是运动品牌卖场陈列运用最广最重要的陈列方法，往往一个或一组货架就是一个平衡对称的陈列面（如图9-147、图9-148）。

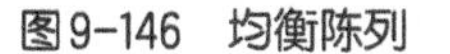

图9-146　均衡陈列

图9-147　平衡陈列1

图9-148　平衡陈列2

（4）重复法。重复法是指服饰在一个陈列面中，采用两种以上的陈列形式进行多次交替循环的陈列手法。重复法能给人秩序感和节奏感，因为视觉对象反复出现，容易提高展示效果，加深记忆印象（如图9-149、图9-150）。

除了形式美法则这个角度，按照展架的分段陈列角度，陈列的组合方式有一段式、二段式和三段式陈列。一段式陈列很少运用在衣墙区，大部分的中岛区展架属于一段陈列或者二段陈列，衣墙上一般采用二段或者三段陈列，这也是人体工程学原理在视觉方面的要求和运用。

4. 陈列手法和技巧

运动休闲品牌卖场内需要通过一定的陈列手法和技巧来展示运动休闲服装品牌形象，突出商品和卖场特点，营造卖场氛围，诱发顾客购买欲望。

（1）常用方法技巧

① 系列搭配法。搭配陈列法是指在一个陈列分区，围绕一个主题系列，选用不同类别的产品进行搭配陈列。例如围绕野外休闲主题，可将休闲T恤、长裤、跑鞋、帽子、包一起搭配陈列。这种方法在运动休闲品牌卖场陈列中最常用。搭配陈列时应注意产品色彩和面料的协调性（如图9-151～图9-153）。

图9-149　重复陈列1

图9-150　重复陈列2

图9-151　系列搭配法1

② 突出陈列法。为了将产品突出展示，可将其放在显眼位置，如靠近主通道入口方向的板墙以及中岛前端；在位置确定后，还可以采取一切手法，比如运用特写，采用放大的海报与商品相映衬；运用对比手法，采用与附近商品不同的陈列形式或者色彩（如图9-154、图9-155）。

图9-152 系列搭配法2

图9-153 系列搭配法3

图9-154 突出陈列法1

图9-155 突出陈列法2

③ 经常变换法。运动休闲服装是时尚性强烈的商品，并且“运动休闲”的主题也要求其卖场服装陈列要不断地变化运动，即使商品没多大变化，也可以通过其他要素的变化达到形象的改变，大至卖场的装潢，小至服装出样形式。

④ 重新组合法。有些运动休闲服装款式放置某一位置时间长，却很少被人注意，这时候可以考虑将其和别的款式重新组合，调换位置，这样就增加了出售的机会。

⑤ 节假陈列法。陈列因时而变。运动休闲品牌卖场陈列主要在重要节假时期适当调节相应的主题和内容，注重应时商品的展示，适当加强POP广告和音乐效应来增加气氛（如图9-156、图9-157）。

图9-156 节假陈列法1

图9-157 节假陈列法2

⑥ 人缘组合法。针对有特定人缘关系的消费者进行的成套陈列。例如男女情侣装、三口之家套装。运用这种方法可针对某些流行款或者主推款进行陈列（如图9-158）。

（2）特殊方法技巧

① 水平线法。在运动休闲服装的分段陈列中，运用于分段的层板或者横杆应保持在同一

水平线上。这就形成了在货架上的处于等高分段的同类产品出样基本保持了水平。这个水平标准也是在运动休闲品牌卖场服装陈列中基本要求之一（如图9-159）。

图9-158

图9-159

② 运动场景法。在卖场的展示区，综合运用服饰、配件、人模、道具、灯光与音乐等来创造某一运动场景，例如将展示区布置成体操场地，摆上器械，令穿上运动衣的人模摆出体操姿势，配上明亮的灯光和动感的音乐，可使得消费者身临其境，产生共鸣，激发购买欲望。这种手法要注重现实感，提出艺术性和创造性（如图9-160 ~图9-162）。

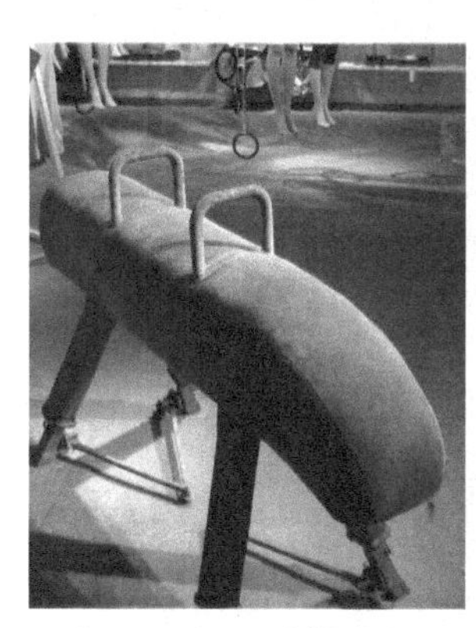

图9-160　运动场景法1

图9-161　运动场景法2

图9-162　运动场景法3

③ 空间视错法。在卖场空间内，运用视错这一艺术手法，可产生动感，增加顾客购买兴趣。视错运用的形式主要有色彩、图形、空间形状等。例如在膨胀性视错中，明色、暖色、饱和色皆有扩张和向前的视觉感受，相反，暗色、冷色、纯度低色则有后退，收缩的视觉效果（如图9-163 ~图9-166）。

④ 色彩情感法。卖场陈列也是“色彩的陈列”。根据色彩明度、饱和度、色相的不同以及不同色彩组合，给人不同的情感体验。例如明度高的暖色调可增添欢乐、活泼的气氛，而且在冬季的运用不可少；通过对比色增加卖场的动感。运动休闲品牌应通过不同色彩营造视觉冲击力，给予顾客生动、有气息的情感体验（如图9-167 ~图9-171）。

图9-163 空间视错法1

图9-164 空间视错法2

图9-168 色彩情感法1

图9-169 色彩情感法2

图9-170 色彩情感法3

⑤ 动态展示手法。在运动休闲卖场内，运动休闲装的展品或者展具往往能吸引顾客的注意力，增添了陈列的动感和情趣。例如将一系列运动休闲服装挂在圆柱形的大展架上，随着展架自身的旋转，服装也随即在空间内旋转展示，顾客可以从一个角度观看到所有的服装；巧妙闪烁着的灯光照射于服装商品上，也能给予商品在视觉上的动感。

运动休闲品牌卖场服装陈列应根据各自的品牌定位与风格，根据系列区域安排出样方式和组合形式，注重陈列方法和技巧的综合应用。陈列设计的方法和技巧不是运用的越多越好，主要是看效果，只要能达到陈列效果和促进销售的都是好方法。总而言之，陈列设计中要考虑人体工程学，人们购买习惯和心理，结合形式美法则表现运动，合理安排商品及其空间、照明、展具、音乐、POP各要素，注意各种形态的色彩的应用和尺寸大小的合理性。

图9-165 空间视错法3

图9-166 空间视错法4

图9-167 色彩情感法4

图9-171 色彩情感法5

第十章
热门商店陈列
欣赏
10

第一节　男装陈列欣赏

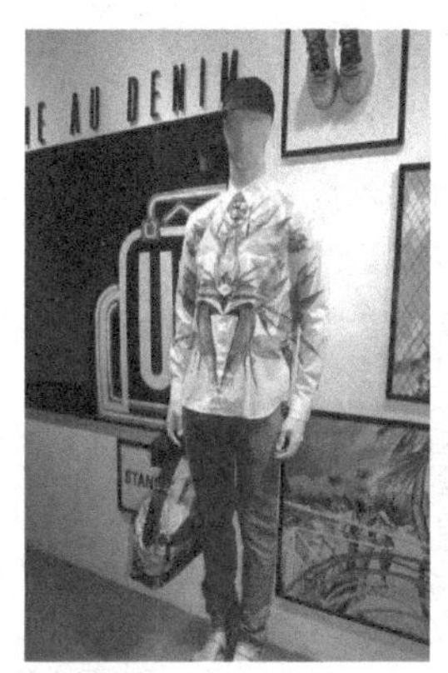

JACKET

HYMNE AU DENIM
SLIM

HYMNE AU DENIM
STANDART

第二节 女装陈列欣赏

第三节　童装陈列欣赏

第四节 主题陈列欣赏

一、圣诞节

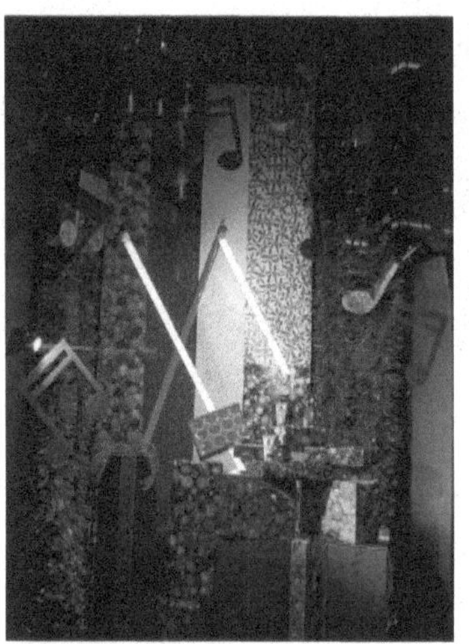

二、玩具

玩具

众多摆满儿童圣诞礼物的橱窗营造出浓郁的节日气氛。本季，Selfridges采用鲜艳靓丽而充满童趣的陈列设计，推出奇特的玩具、礼物、圣诞树和图案背景…甚至用“Google眼睛”来衬托Haviana的人字拖鞋和牛仔裤等各式单品，生气勃勃。Galeries Lafayette采用夸张的百老汇风格陈列设计，将一些玩具和玩偶作为主角。

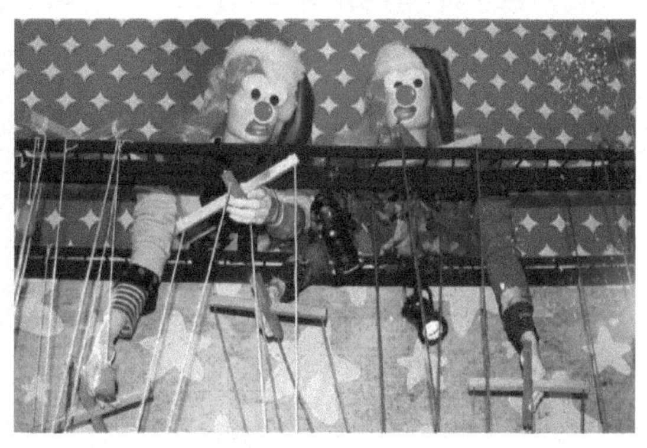

三、游乐园

Converse

Forever 21

Kate Spade

Selfridges

游乐园
主题

许多机智的零售商走访游乐园，给节前橱窗注入些许欢快。木板路指示牌与小丑、小吃和气球等代表性标志呼唤购物者加入这些意趣盎然的乐事。首尔的Kate Spade采用放大的旋转美术图画，呼应该系列的鲜亮色调。Converse与Dr. Seuss合作，推出经典的《戴帽子的猫》与《一条鱼，两条鱼》的人物，以宣布新联名系列。

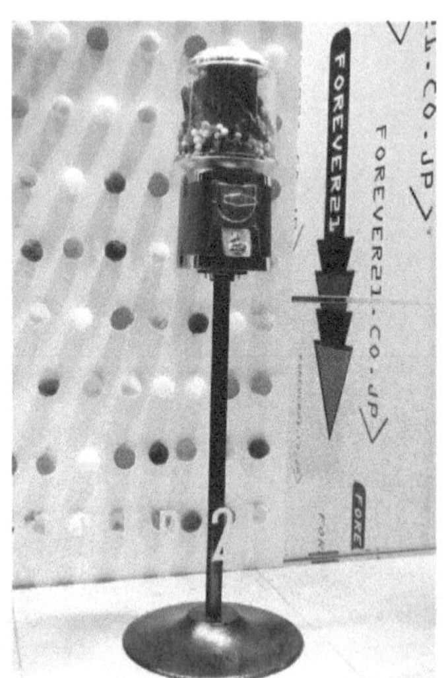

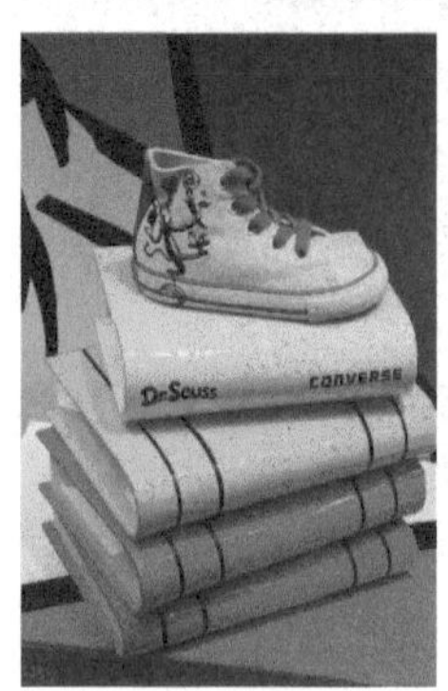

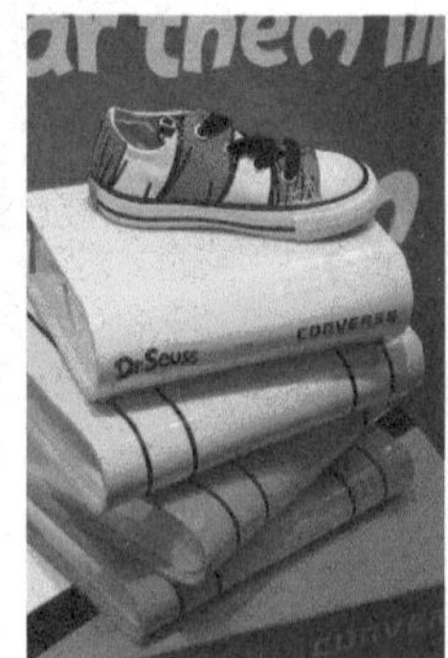

①服装陈列概论 ②服装陈列的空间规划 ③服装陈列的形式美法则 ④服装陈列的设计方式 ⑤服装陈列的色彩设计 ⑥服装陈列的橱窗设计 ⑦服装陈列的环境氛围设计 ⑧服装陈列的策划管理 ⑨各类服装店面的陈列方式 ⑩热门商店陈列欣赏

四、鞋子

Liberty

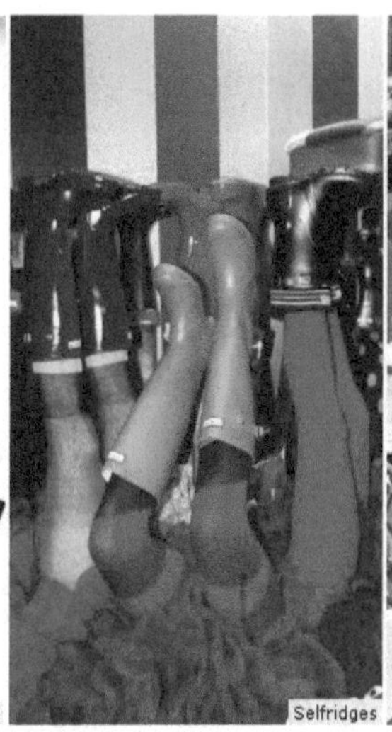

Selfridges

Selfridges　Hermes

鞋子

主题

作为一直以来的大热分类，本月鞋装更得到视觉营销人员些许额外的宠爱。伦敦的Selfridges全力以赴，以极富创意的设计令其所有橱窗聚焦鞋装。按打分组的颠倒腿模型展示各种色彩的猎人雨靴。堆叠、成排或似乎随意堆放的鞋盒成为鞋子的陈列装置。Hermès采用更加活泼有趣的方式，创造迷你树屋以容纳当季必备鞋装与包袋。

五、黑白灰

Tuss

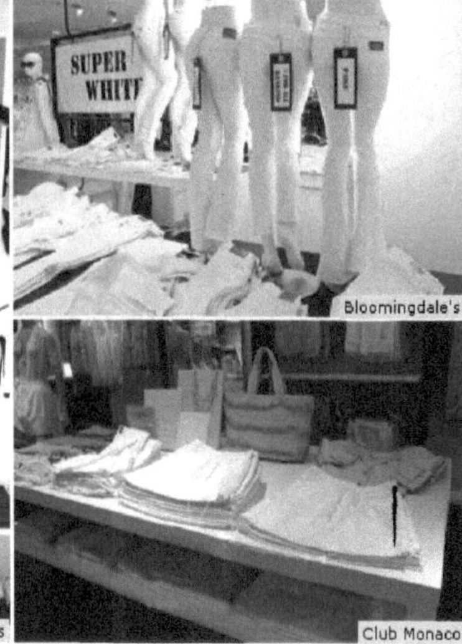

Bloomingdale's

Club Monaco

Zara

黑白灰

色彩

在这个夏天的视觉品味改良中，白色重叠的橱窗陈列涌现。全白陈列通常集中于白色丹宁，带来清凉效果。色调的轻微变幻与浅中性色调的加入，给橱窗增添深度。许多精品店将产品简化到真正本质的黑、白、灰色调，打造休闲夏季装扮之最。

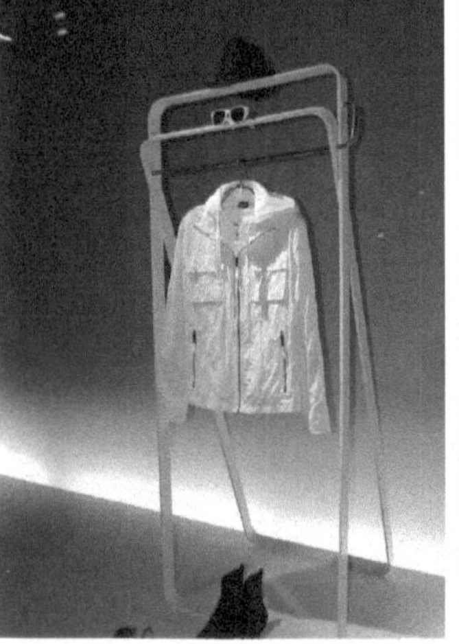

六、牛仔裤

Your Premium Store

Spoiled

All Saints

Brooklyn Denim Co.

牛仔裤
陈列

悬挂、卷起来、堆叠或捆扎，本季丹宁以各种富有创意的方式展示。在Spoiled店内，插在墙上的剪刀挂住牛仔裤的皮带环，而Brooklyn Denim Co.则采用线串来捆扎牛仔裤。卷起来的丹宁或堆叠的胶合板箱架子使更为独特的堆叠牛仔墙得到些许前卫翻新。

七、彩色人台

彩色人台

陈列

本季，翻新的时装模特给商场橱窗带来吸引力。荧光粉色、蓝色、黄色、绿色以及金属、粉蜡色调翻新了时装模特，打造夏季造型。时装模特穿着波尔卡圆点、条纹及全身印花，凸显时下所趋的图案潮流。不再仅仅是空白，人台对于零售商来说与服饰同等重要。

八、框架结构

框架结构
陈列

本季，橱窗设计师们从建筑工地与Home Depot汲取装置灵感。脚手架与金属管是支架的主打材料。几何与双层构造强化工地效果，带来更多的展示空间，而纵横交错的支架则带来悬挂的新颖空间。

九、工业革命

Your Premium Store

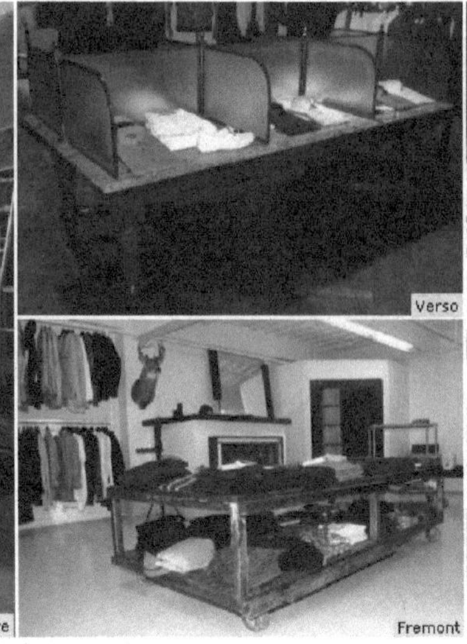
Verso
Fremont

General Idea

工业革命

主题

这个春天，商场经历了一次变革，零售商们摒弃复古装饰图案，转而崇尚工业美感。本来用于存储文件的移动性过道架子陈列着丹宁与T恤，而商用冷藏柜被赋予新的用途，用以悬挂服饰。商业办公桌与银行柜台也出现了。光滑新颖或陈旧生锈，这一潮流是橱窗设计的关键趋势。

十、高级几何

高级几何

主题

几何结构在这个春天的商店装置布局中起到了关键作用。菱柱体、八面体、十二面体以及其他三维形状给墙板、平台与支架带来不落俗套的风格。Urban Outfitters增添多面体穹窿并以流行印花与图案覆盖，打造焕然一新的空间。在Oak店内，多角物件匍匐于地面，而Toshop店内时装模特攀登在未来主义金属构造之上。为打造更为简洁的造型，条纹、无修饰的框架陈列支架具有立体感。

十一、派对女郎

Liberty　Mulberry　Vivienne Westwood　Departmentstore Quartier 206

派对女郎
主题

凌乱无序与颓废女人味为较为年轻时髦的服装市场带来详尽的视觉主题。采用摇滚与玛丽王后相结合的风格以及电影《寻找苏珊》的特色，粉蜡色与鲜亮色、电光色调形成对比，打造舒适的混乱效果。视觉布置色调具有装饰性与家居感，以大号奢华座椅与床为标志。

十二、鲜艳荧光

Hilfiger Denim

Diesel Planet

Fauchon

Topshop

鲜艳荧光

主题

本月商店橱窗弥漫着荧光亮色，提醒消费者夏季才刚刚开始。电光蓝、荧光粉、荧光黄、荧光绿、火焰橙以及鲜艳紫色以醒目几何线条、形状以及模特的形式出现。将这些色调与部落图案、民族风格服装组合运用，尤为新颖。

十三、丰富多彩

Topshop

Barneys New York

Harvey Nichols

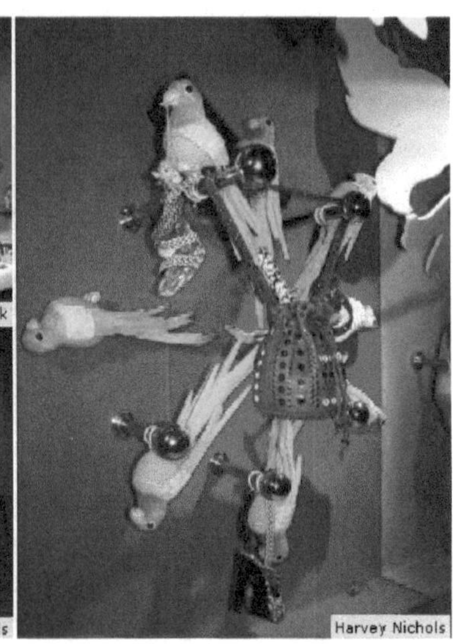

Harvey Nichols

丰富多彩

主题

本月，许多现代装零售商运用些许超现实主义与超级夸张的表现手法来布置橱窗。混搭的图案与尺寸为随意散落或布局古怪的支架与产品几乎打造出梦幻的背景。橱窗采用多种方式造就层次感，这些工艺包括橱窗贴花、支架、镂空图案与鲜亮色彩，从而给人超级夸张的难忘体验。

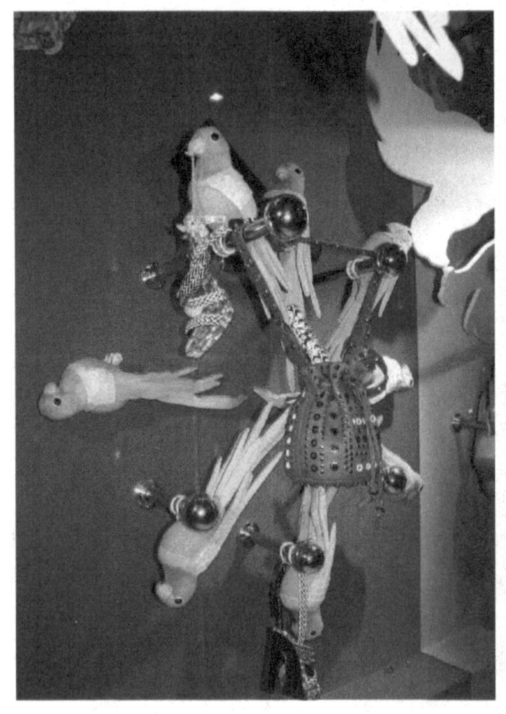

①服装陈列概论
②服装陈列的空间规划
③服装陈列的形式美法则
④服装陈列的设计方式
⑤服装陈列的色彩设计
⑥服装陈列的橱窗设计
⑦服装陈列的环境氛围设计
⑧服装陈列的策划管理
⑨各类服装店面的陈列方式
⑩热门商店陈列欣赏

十四、T恤

Harvey Nichols

The Contemporary Fix

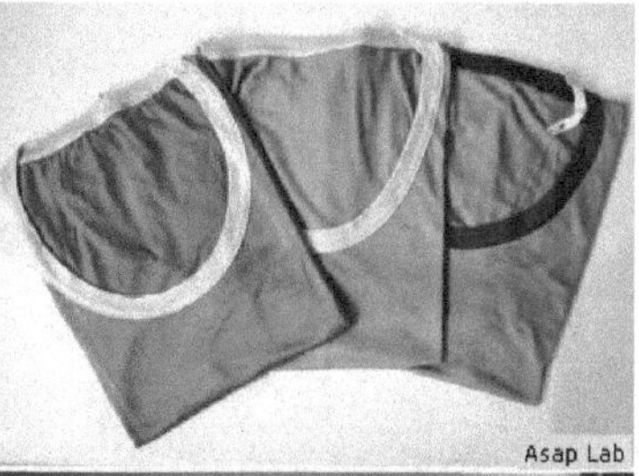
Asap Lab

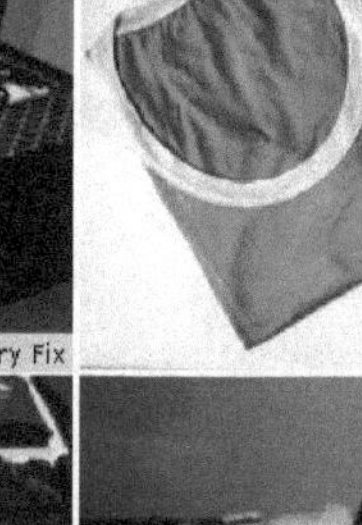
James Perse

Ice Fire

T恤

主题

零售店永远在寻找新式的折叠方法，本季呈现展示T恤的全新办法。强调几何图形－精心安排的网格和堆叠使人们的注意力集中到产品的多样性和原创性。许多展示强调虚实效果，Harvey Nichols巧妙地利用了垂直折叠来匹配图像。在James Perse店里，一个巨大的平台展示了一系列折叠为长方形的基本款T恤，并以同色调色差的方式呈现。

十五、2012 伦敦奥运会

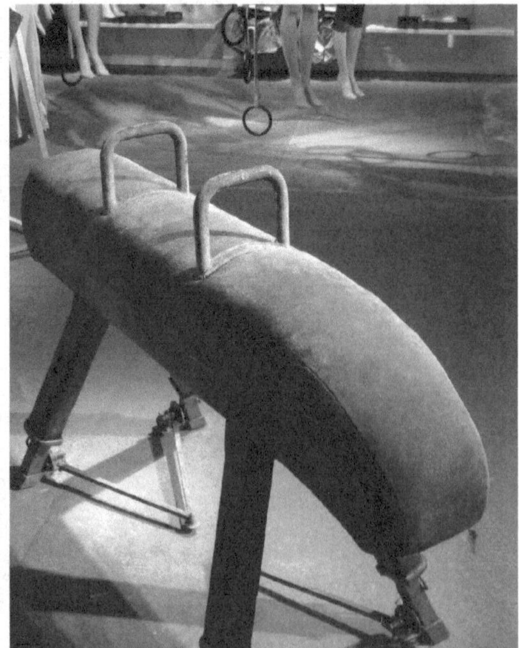

第五节　品牌陈列欣赏

一、PRINTEMPS

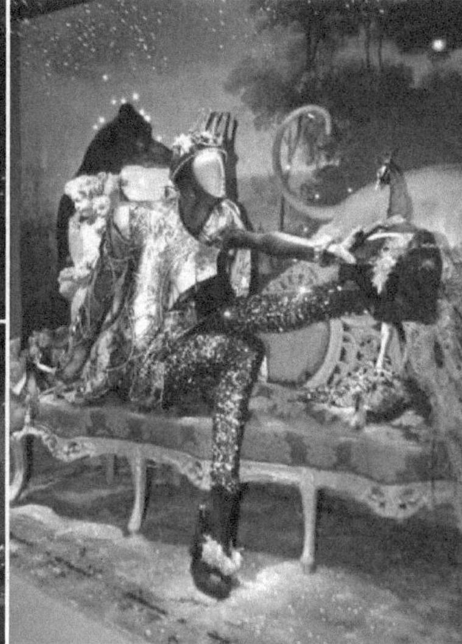

PRINTEMPS

店内

Printemps今年的主题是“城堡里的圣诞”， Lanvin夫妇作为嘉宾给该店一贯奢华的节日橱窗布置带来风趣而幽默的气息。由Lanvin的创意总监Alber Elbaz亲自操刀设计的这两个玩偶在王室般奢华的粉红色糖果仙境，鲜红色舞厅和绿色餐厅里欢快地翩翩起舞。变换的场景中一个个身着最新Alexander McQueen和Valentino等品牌节日盛装的塑料模特纷纷亮相，并用精致的节日水晶和餐具做装饰。

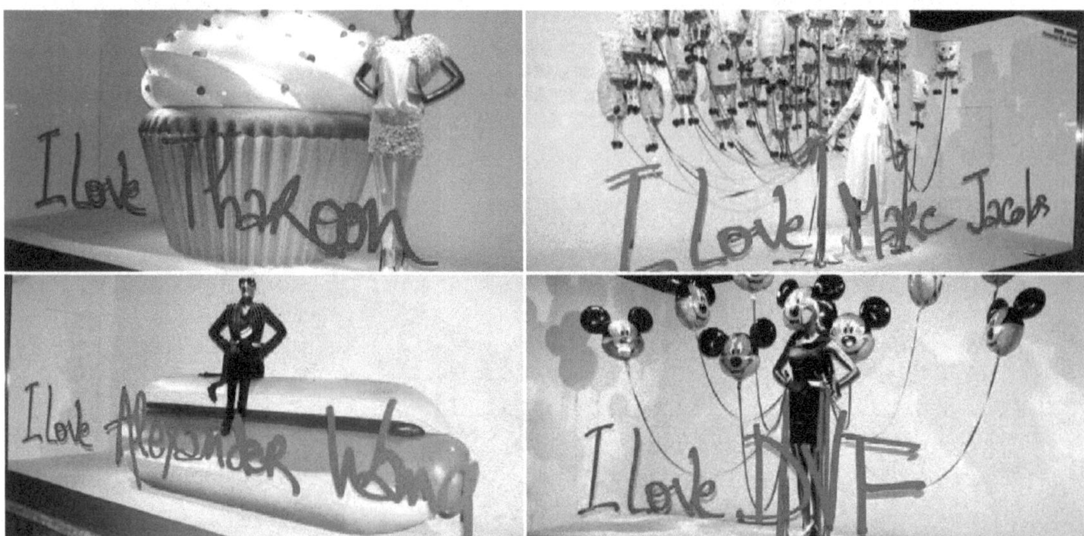

PRINTEMPS

橱窗之最

Printemps对纽约市的热爱在本月延续，鲜明醒目的橱窗陈列颂扬这座城市的知名设计师以及部分最前途无量的年轻设计才俊。就是，红色涂鸦字迹的短语“我爱…” Ralph Lauren、DVF、Thakoon、Alexander Wang等等装点橱窗，而热狗、纸杯蛋糕与甜甜圈等代表性纽约食品的超大道具 – 向流行文化艺术家Claes Oldenburg致意 – 则充当身穿各位设计师服装的塑料模特的背景。

二、SELFRIDGES

SELFRIDGES

店内

Selfridges将其圣诞橱窗设计巧妙命名为“嬉戏”，充满童趣，引人注目。乔治・伯纳・萧的名言“我们不会因为衰老而停止嬉戏。我们是因为停止嬉戏才衰老。”是这些妙趣横生的布景设计的灵感来源。卡通风格的设计采用鲜红色，霓虹粉红色，豌豆绿色和绿松石色等醒目色调以及混搭印花图案。真人大小的芭比娃娃和Ken娃娃等幽默人物，特大的填满玩具的狗以及森林家族的拖车屋停驻场成为引人注目的亮点。

三、LOUIS VUITTON

LOUIS VUITTON

橱窗之最

本月Louis Vuitton遵从公司的法国传统，用印有经典LV字母的旅行箱包建造埃菲尔铁塔，是公司全球橱窗主推的布景，提醒人们LV最初使命是奢华旅行配件的供应商。鲜亮黄色背景增添波普艺术的趣味元素，而印有黑色细节的白色硬纸板箱包版本则给这些引人注目的场景增添Marc Jacobs风格的幽默感。黑色箱包边贴花作为错视画元素框架橱窗，凸显LV旅行配件的丰富传统。

四、GAP

五、ZARA

COLLECTION

1,290

六、BENCH

Bench.

Bench.

Ladies Denim

Bench.

Bench

Bench.

七、优衣库

①服装陈列概论
②服装陈列的空间规划
③服装陈列的形式美法则
④服装陈列的设计方式
⑤服装陈列的色彩设计
⑥服装陈列的橱窗设计
⑦服装陈列的环境氛围设计
⑧服装陈列的策划管理
⑨各类服装店面的陈列方式
⑩热门商店陈列欣赏

限定商品
¥990

限定商品
¥990

参考文献

[1] 王芝湘著. 展示设计. 上海：东华大学出版社. 2008.

[2] 马大力、徐斌、徐军编著. 服装展示技术. 上海：中国纺织出版社. 2006.

[3] 陈炜著. 服装展示设计. 合肥：合肥工业大学出版社. 2009.

[4] 孙雪飞著. 服装展示技术教程. 上海：东华大学出版社. 2008.

[5] 阳川、陈红、李晓蓉编著. 服饰陈列设计. 北京：化学工业出版社. 2009.

[6] 吴国智、肖剑编著. 服装展示设计. 沈阳：辽宁科学技术出版社. 2008.

[7] http://www. eeff. net/穿针引线论坛.

[8] http://blog. sina. com. cn/harbero/柏纳德空间设计.

[9] http://bbs. cool-de. com/中国室内设计联盟.

[10] http://www. wgsn. com/.